浙江近岸海域水质预测模型及溢油风险评价

孙静亚　吴　磊　王陆军　著

U0195595

海洋出版社

2016年 · 北京

内 容 简 介

本书分为两篇，第一篇以浙江近岸海域水质监测数据为例详细介绍了目前常用的一些非机理性水质预测模型，如 BP 神经网络模型、Elman 神经网络模型、灰色 GM（1，1）模型、ARIMA 模型等，并对其具体的建模过程和程序化进行了展示。此外，由于不同的预测模型具有不同的应用特征及优缺点，而模型的优化和组合能提高预测精度，因此本书也介绍了模型的组合优化过程，并对其预测效果进行了比对。第二篇从海洋溢油危害、风险评价的方法、研究现状等方面介绍了溢油风险评价的基础理论，建立了适用于石油储运港区的溢油风险评价指标体系，构建了基于层次分析的模糊综合评价模型，并用所建模型对舟山岙山石油储运港区的溢油风险进行了综合评价，提出了降低溢油风险的合理化建议。

本书适合高等学校海洋科学类和环境科学类专业的教师和学生选作参考资料，也适合国内外涉及海洋环境化学、海洋化学、海洋科学与海洋技术方向的科研人员和从事相关工作的专业人员以及从事水污染控制、水环境等领域的科技人员选作参考书。

图书在版编目（CIP）数据

浙江近岸海域水质预测模型及溢油风险评价/孙静亚，吴磊，王陆军著.
—北京：海洋出版社，2016.9
ISBN 978 – 7 – 5027 – 9562 – 7

Ⅰ.①浙…　Ⅱ.①孙…②吴…③王…　Ⅲ.①近海 – 海上溢油 – 水质调查 – 研究 – 浙江②近海 – 海上溢油 – 风险评价 – 研究 – 浙江　Ⅳ.①X55

中国版本图书馆 CIP 数据核字（2016）第 204054 号

责任编辑：郑跟娣
责任印制：赵麟苏

海洋出版社　　出版发行

http://www.oceanpress.com.cn
北京市海淀区大慧寺路 8 号　邮编：100081
北京华正印刷有限公司印刷　　新华书店发行所经销
2016 年 9 月第 1 版　2016 年 9 月第 1 次印刷
开本：787mm×1092mm　1/16　印张：9.25
字数：192 千字　定价：36.00 元
发行部：62132549　邮购部：68038093　总编室：62114335
海洋版图书印、装错误可随时退换

前　言

随着陆地资源日渐枯竭，海洋资源已成为国际社会竞相争夺的焦点。"十三五"规划建议中指出"拓展蓝色经济空间，坚持陆海统筹，壮大海洋经济，科学开发海洋资源，保护海洋生态环境，维护我国海洋权益，建设海洋强国"。海洋经济快速发展的同时海洋环境也日趋恶化，如赤潮暴发、溢油污染、海洋生态系统结构退化等，这些问题严重影响了海洋资源的开发利用。"浙江近岸海域海洋生态环境动态评价与预警技术研究"是为这一问题的解决提供数据技术支持所进行的研究，它是国家海洋局海洋公益性行业科研专项"浙江近岸海域海洋生态环境动态监测与服务平台技术研究及示范应用"项目的一个子项目。本项目围绕浙江海洋经济发展示范区建设和舟山群岛新区建设，按照"创新海洋生态环境监测与评价体系"的要求，构建浙江近岸典型海域海洋生态评价和生态灾害预警体系，实现近岸海域海洋生态环境评价与预警理论创新，建立近岸海域海洋生态环境动态监测和信息服务平台系统，形成海洋生态环境动态监测、评价与预警体系，以便及时准确地预测、预报海洋灾害和海洋生态环境质量变化及发展趋势。为海洋生态环境保护和海洋经济可持续发展提供数据支持，为省、市级政府制定海洋生态环境保护规划、防灾减灾决策提供依据，为改善和恢复浙江近岸海域海洋生态环境，促进浙江海洋经济发展示范区建设提供技术支撑，也将为今后海洋环境大尺度的时空变动研究提供宝贵的数据资源。

常规的水质预测模型根据对水质变化机理的深入要求程度可分为机理性水质预测模型和非机理性水质预测模型。机理性水质预测模型就是在考虑污染物在水体中的物理、化学、生物等反应机理基础上，通过数学手段对水环境系统变化进行描述的模型。构建机理性水质预测模型需要完整的基础资料和数据，且建模比较复杂，影响水质的参数也很难确定。这在一定程度上影响了机理性模型在水质预测实践中的进一步应用。而随着随机数学、模糊理论、统计学理论、人工神经网络、灰色理论等的发展，基于这些理论的非机理性水质预测模型应运而生。非机理性模型是一种黑箱或灰箱方法，不考虑或很少考虑水质变化的内部机理，针对某一特定水质系统，通过数学统计或其他数学方法建立预测模型，由于非机理性模型在实际应用中效果较好，且所需参数易于获得，因此在实际应用中得到了广泛关注。为此，本书拟构建非机理性水质预测模型来预测海洋水质数据。

本书分为两个篇章。第一篇为模型预测及程序化实现。以浙江近岸海域水质监测数据为例详细介绍了目前常用的一些非机理性水质预测模型，如 BP 神经网络模型、Elman 神经网络模型、灰色 GM（1，1）模型、ARIMA 模型等，并对其具体的建模过程和程序化进行了展示。此外，由于不同的预测模型具有不同的应用特征及优缺点，而模型的优化和组合能提高预测精度，因此本书也介绍了模型的组合优化过程，并对其预测效果进行了比对。第二篇为海洋溢油模型及风险评价方法。从海洋溢油危害、风险评价的方法、研究现状等方面介绍了溢油风险评价的基础理论，建立了适用于石油储运港区的溢油风险评价指标体系，构建了基于层次分析的模糊综合评价模型，并用所建模型对舟山岙山石油储运港区的溢油风险进行了综合评价，提出了降低溢油风险的合理化建议。

本书适合高等学校海洋科学类和环境科学类专业的教师和学生选作参考资料，也适合国内外涉及海洋环境化学、海洋化学、海洋科学与海洋技术方向的科研人员和从事相关工作的专业人员以及从事水污染控制、水环境等领域的科技人员选作参考书。

本书出版得到了国家海洋局公益性行业科研专项"浙江近岸海域海洋生态环境动态评价与预警技术研究"（201305012 - 2）和浙江海洋大学的资助。本书在编写过程中得到了国家海洋局第二海洋研究所潘德炉院士的大力支持，还得到了厦门大学张珞平教授、浙江大学环境与资源学院裴洪平教授、徐向阳教授的大力支持，对此深表感谢。也感谢在本书出版过程中给我们提供帮助的项目组成员和所有同事。同时，感谢被本书引用的参考文献的中外作者。

由于编者水平和时间有限，书中错误或不妥之处在所难免，敬请广大读者多多批评指正。

孙静亚

2016.01.25

目　次

第2篇　海洋溢油模型及风险评价方法

第1篇 模型预测及程序化实现

《全国海洋经济发展规划纲要》《国家海洋事业发展规划纲要》《浙江海洋经济发展示范区规划》等一系列重大决策和战略部署显示，海洋已成为未来经济发展的重要领域和空间，开发海洋、发展海洋经济已成为国家基本战略，浙江省无论从海域面积、海岸线长度、海岛数量，还是涉海产业、人口和海洋经济规模在全国均位于前列，是名副其实的海洋大省。浙江省海洋经济发展示范区建设带来的新一轮海洋开发热潮在促进海洋经济快速发展的同时，也给海洋环境带来了不同程度的影响，如水质恶化、海洋功能区受损、赤潮暴发、溢油污染和海洋生态系统结构退化等，这些问题将严重影响对海洋资源的开发利用。通过本项目研究，构建一套应用于滨海旅游区、海洋保护区和重大海洋工程区等不同海洋功能区的海洋生态环境动态监测与评价预警服务示范系统，并能在全省近岸海域推广应用，将会为海洋生态环境保护和海洋经济可持续发展提供辅助决策支持。

本项目通过对舟山嵊山和温岭海域的浮标监测数据分析，了解各水质要素的动态变化，通过对监测数据时间序列的分析和预处理，采取 Elman 神经网络预测法和 ARIMA 模型预测法，建立对近岸海域水质动态变化的预测模型，对海洋水质进行及时准确地预测，为海洋环境保护与海洋资源的开发利用提供科学依据。

第1章 海水监测数据预处理

海洋监测数据来自于固定式浮标，由于受各种因素影响，导致在原始监测数据中存在许多缺失数据和错误数据，若不经处理会对建模数据分析和预测造成影响，因此在分析数据前需要先进行数据预处理。

1.1 数据预处理概述

数据（data）是对事实、概念或指令的一种表达形式，可由人工或自动化装置进行处理。数据经过解释并赋予一定的意义之后，便成为信息。数据处理的目的是从大量、复杂、无序、难以理解的数据中抽取并推导出对于某些特定的人们来说是有价值、有意义的数据。

数据处理是从大量的原始数据中抽取出有价值的信息，其过程包含对数据的收集、存储、加工、分类、归并、计算、排序、转换、检索和传播的演变与推导[1]。数据处理是系统工程和自动控制的基本环节。数据处理贯穿于社会生产和社会生活的各个领域。数据处理技术的发展及其应用的广度和深度，极大地影响着人类社会发展的进程。

数据管理足指数据的收集整理、组织、存储、维护、检索、传送等操作，是数据处理业务的基本环节，而且是所有数据处理过程中必有的共同部分。

数据预处理（data preprocessing）是指在主要的处理以前对数据进行的一些处理。如浮标监测到的数据是不完整的、不一致的数据，有空缺值无法直接进行数据挖掘和预测。为了提高数据挖掘的质量而需要进行数据预处理。数据预处理的方法主要有数据清理、数据集成、数据变换、数据归约等。这些数据处理方法在数据挖掘之前使用，能够排除干扰数据，极大地提高数据挖掘模式和数据预测的质量。

（1）数据清理：通过填写缺失的值、光滑噪声数据、识别或删除离群值、纠正数据中的不一致达到如下目的：数据格式标准化、异常数据清除、错误纠正、重复数据清除。

（2）数据集成：将多个数据源中的数据结合起来并统一存储，建立数据仓库的过程就是数据集成。

3

（3）数据变换：通过平滑聚集、数据概化、规范化等方式将数据转换成适用于数据挖掘的形式。

（4）数据归约：数据挖掘时往往数据量非常大，在少量数据上进行挖掘分析需要很长的时间，数据归约技术可以用来得到数据集的归约表示，它小得多，但仍然接近于保持原数据的完整性，并且结果与归约前结果相同或几乎相同。

1.2 数据预处理方法

项目所使用的数据为浮标传感器采集的数据，数据本身格式规范，因此主要进行数据清理和数据归约处理，具体处理方法如下：①清理数据填写过程中的缺失值；②噪声数据的光滑处理；③识别或删除离群值；④选取特定的时间点，形成完整连续的时间序列数据。

1.2.1 缺失数据剔除

缺失值是指粗糙数据中由于缺少信息而造成的数据的聚类、分组、删失或截断。它指的是现有数据集中某个或某些属性的值是不完全的。数据挖掘所面对的数据不是特地为某个挖掘目的收集的，这类属性的缺失不能用缺失值的处理方法进行处理，因为它们未提供任何不完全数据的信息，它和缺失某些属性的值有着本质的区别。

本项目浮标数据引起缺失值的主要原因是：①由于浮标本身传感器故障导致的数据收集或保存失败造成的数据缺失；②由于网络通信问题造成数据延迟发送、无法获取信息造成的数据缺失；③由于终端接收平台流量不足、网络不通等问题造成数据缺失。

本项目所使用的数据来源于浮标监测数据，数据由计算机自动统计所得，因此缺失值数据个数较少，只需通过 Excel 处理，将原始数据中少数时间点上的空白和数值为零的数据去除掉就可以使用。

1.2.2 错误数据剔除

本项目对舟山岙山和温岭浮标监测数据中的酸碱度大于 14 的数据和数值为负值的数据进行剔除。

1.2.3　异常值判定和剔除

异常值（outlier）是指样本中的个别值，其数值明显偏离它所属样本的其他观测值，又称异常数据或离群值。在处理实验数据的时候，我们常常会遇到个别数据值偏离预期或大量统计数据值结果的情况，如果我们把这些异常数据和正常数据值放在一起进行统计，可能会影响实验结果的正确性，如果把这些异常数据简单地剔除，又可能忽略了重要的实验信息。目前，人们对异常值的判别与剔除，主要采用物理判别法和统计判别法两种方法。所谓物理判别法就是根据人们对客观事物已有的认识，判别由于外界干扰、人为误差等原因造成实测数据值偏离正常结果，在实验过程中随时判断、随时剔除。统计判别法是给定一个置信概率，并确定一个置信限，凡超过此限的误差，就认为它不属于随机误差范围，将其视为异常值剔除。

对于多次重复测定的数据值，异常值常用的统计识别与剔除法有以下几种。

1）拉依达准则法（3σ）

拉依达准则法（3σ）是适用于检验样本数量 $n > 10$ 次及以上或精确度要求不是很高的一种剔除异常值的方法。此法简单，无需查表，只需计算标准偏差就可以。如果实验数据值的总体 x 是服从正态分布的，则：$P(|x - \mu| > 3\sigma) \leq 0.003$，式中：$\mu$ 与 σ 分别表示正态总体的数学期望和标准差。此时，在实验数据值中出现大于 $\mu + 3\sigma$ 或小于 $\mu - 3\sigma$ 数据值的概率是很小的。因此，根据上式，对于大于 $\mu + 3\sigma$ 或小于 $\mu - 3\sigma$ 的实验数据值作为异常值，予以剔除。

2）$4\bar{d}$ 法

对于少量实验数据，可以用 s 代替 σ，用 $\bar{d}$ 代替 δ，故可粗略地认为，偏差大于 $4\bar{d}$ 的数值可以剔除。即某测量数据与该样品平均值的差数 d 大于平均偏差 $\bar{d}$ 的 4 倍时被视为异常值。$\bar{X}$ 是除去异常值以外的平均值，X' 为异常值。$\bar{d}$ 的计算公式如下：

$$\bar{d} = \frac{\sum_{i}^{n} |X_i - \bar{X}|}{n} \tag{1-1}$$

若：$|X' - \bar{X}| \geq 4\bar{d}$，则 X' 要剔除，否则予以保留。

3）平均值加标准差法

对数据分布简单均一的情况，可用正常数据的上下限等于平均值加 2 倍的标准偏差来处理，如 $C_A = \bar{X} \pm 2s$；对于数据分布相对复杂的情况，可用 3 倍标准差法来处理如：

$$C_A = \overline{X} \pm 3s \tag{1-2}$$

4）Q - 检验法

当测量次数 $n = 3 \sim 10$ 次时（$n > 10$ 时不适用），根据所要求的置信度（常取 95% 或 0.95），按下述步骤确定异常值的取舍：

（1）将数据按照从小到大顺序排列后，算出测量值的极差（即最大值与最小值之差）；

（2）找出可疑值与临近值之差（应取绝对值）；

（3）用极差除可疑值与临近值之差，得到舍弃商值 $Q_{计}$；

$$Q_{计} = \frac{\left| X_{疑} - X_{邻} \right|}{X_{最大} - X_{最小}} \tag{1-3}$$

（4）查 $Q_{表}$ 值，如果计算的 $Q_{计} \geqslant Q_{表}$，就将可疑值弃去，否则应予以保留。

5）格拉布斯准则法（Grubbs）

G - 检验法是目前用得最多的检验方法，其步骤如下：

（1）算出包括异常值在内的平均值；

（2）算出包括异常值在内的标准偏差；

（3）按下式计算 $G_{计}$ 值

$$G_{计} = \frac{\left| X_{异常} - \overline{X} \right|}{s} \tag{1-4}$$

（4）由测量次数查表得 $G_{表}$ 值，若 $G_{计} \geqslant G_{表}$，异常值应弃去，否则应保留。

综合以上异常值的处理方法，本项目对舟山岛山和温岭两个浮标监测得到的数据中的异常值作如下处理：①酸碱度数据中 pH 值为 $1 \sim 6$ 和 $9 \sim 14$ 的数据进行剔除；②浊度数据中大于 800 的数据进行剔除；③叶绿素数据中大于 50 μg/L 的数据进行剔除。

1.2.4 离群值数据的剔除

离群值是指一个时间序列中，常有一个或几个值远离序列，明显的偏大或偏小，暗示它们可能来自于不同的总体。因此，也称之为歧异值，有时也称其为野值。概括地说，离群值是由于系统受外部干扰而造成的。但是，形成离群值的系统外部干扰是多种多样的。首先，可能是采样中的误差，如记录的偏误、工作人员出现笔误、计算错误等，都有可能产生极端大值或者极端小值。其次，可能是被研究现象本身由于受各种偶然非正常的因素影响而引起的。

不论是何种原因引起的离群值对以后的时间序列分析都会造成一定的影响。从造成分析的困难来看，统计分析人员不希望序列中出现离群值，离群值会直接影响模型的拟合精度，甚至会得到一些虚假的信息。例如，两个相距很近的离群值将在色谱分析中产生许多虚假的频率。因此，离群值往往被分析人员看作是一个"坏值"。但是，从获得的信息来看，离群值提供了很重要的信息，它提示我们认真检查采样中是否存在差错，在进行时间序列分析前，认真确认序列。当确认离群值是由于系统受外部突发因素刺激而引起的时候，它会提供相关的系统稳定性、灵敏性等重要信息。

在时间序列分析中通常把离群值分为 4 种类型进行处理：①加性离群值，造成这种离群值的干扰，只影响该干扰发生的那一时刻 T 上的序列值，即 XT，而不影响该时刻以后的序列值；②更新离群值，造成离群值的干扰不仅作用于 XT，而且影响 T 时刻以后序列的所有观察值，它的出现意味着一个外部干扰作用于系统的开始，并且其作用方式与系统的动态模型有关；③水平位移离群值，造成这种离群值的干扰在某一时刻 T，使系统的结构发生了变化，并持续影响 T 时刻以后的所有行为，在数列上往往表现为 T 时刻前后的序列均值发生水平位移；④暂时变更离群值，造成这种离群值的干扰是在 T 时刻干扰发生时具有一定初始效应，以后随时间根据衰减因子的大小呈指数衰减的一类干扰事件。

本研究为检出离群值而用统计检验指定的显著性水平为 $\alpha = 0.05$，取置信区间为均值 ± 2 倍标准偏差，去除数据中的离群值数据。

1.2.5　形成时间序列数据

时间序列是按时间顺序排列的一组数字序列。时间序列分析就是利用这组数据，应用数理统计方法，通过曲线拟合和参数估计来建立数学模型，以预测未来事物的发展。时间序列分析是定量预测方法之一，它的基本原理是：①承认事物发展的延续性，应用过去数据，就能推测事物的发展趋势；②考虑到事物发展的随机性，任何事物的发展都可能受偶然因素影响，为此要利用统计分析中的加权平均法对历史数据进行处理。时间序列分析相对准确性差些，一般只适用于短期预测。

一个时间序列通常由 4 种要素组成：趋势、季节变动、循环波动和不规则波动。①趋势：是时间序列在长时期内呈现出来的持续向上或持续向下的变动。②季节变动：是时间序列在 1 年内重复出现的周期性波动，诸如气候条件、生产条件、节假日或人们的风俗习惯等各种因素影响的结果。③循环波动：是时间序列呈现出的非固定长度的周期性变动。循环波动的周期可能会持续一段时间，但与趋势不同，它不是朝着单一方向的持续变动，而是涨落相同的交替波动。④不规则波动：是时间序列中除去趋势、季节变动和周期波动之后的随机波动。不规则波动通常总是夹杂在时间序列中，致使时间序列产生一种波浪形或振荡式的变动。

时间序列预测一般反映 3 种实际变化规律：趋势变化、周期性变化、随机性变化。时间序列分析应用非常广泛，如在国民经济宏观控制、区域综合发展规划、企业经营管理、市场潜量预测、气象预报、水文预报、地震前兆预报、农作物病虫灾害预报、环境污染控制、生态平衡、天文学和海洋学等方面。

本研究对处理后的数据，通过 Excel 中 Vlookup 函数选取每天 0 点、6 点、12 点、18 点的数据形成时间序列连续的样本数据。对于缺失数据在 3 天以内的，以最近时间点的数据补充缺失数据，若缺失数据超过 3 天，则不对时间序列进行补充。以此完成对数据的归约和整理，便于后续的分析和预测。

第 2 章　海洋水质评价

海洋水质评价是根据不同的目的要求和环境质量标准，按一定的评价原则和方法，对海域水环境要素（溶解氧、酸碱度等）的质量进行评价。它为海域的开发和利用以及污染防治和水质预测提供科学依据。

2.1　水质评价方法概述

水质评价是按照评价目标，选择相应的水质参数、水质标准和评价方法，对水体的利用价值及水的处理要求做出评定。水质评价一般都以国家或地方政府颁布的各类水质标准作为评价标准。在无规定水质标准的情况下，可采用水质基准或本水系的水质背景值作为评价标准。水质评价根据不同的评价类型，选用不同的水质评价标准。如评价水环境质量，采用地面水环境质量标准；评价养殖水体的质量，采用渔业用水水质标准；评价集中式生活饮用水取水点的水源水质，用地面水卫生标准；评价农田灌溉用水，采用农田灌溉水质标准。水质评价是合理开发利用和保护水资源的一项基本工作。

常用的海洋水质评价方法主要有两大类：一类是以水质的物理化学参数的实测值为依据的评价方法；另一类是以水生物种群与水质的关系为依据的生物学评价方法。实际应用较多的是物理化学参数评价方法，又分为两种：①单项参数评价法，即用某一参数的实测浓度代表值与水质标准对比，判断水质的优劣或适用程度；②指数法，即把选用的若干参数综合成一个概括的指数来评价水质，又称指数评价法，包括综合指数评价法和单因子指数评价法。

由于给定的海洋浮标水质监测要素分别为水温、电导率、盐度、浊度、叶绿素和石油烃类，这些水质要素均没有定量的海水水质标准，因此本研究主要对各水质要素做时间序列的描述及简单分析。

2.2　岙山海域水质现状分析

本节中所分析的数据为浙江省舟山岙山海域浮标监测数据。

1）时间序列数据选取

对预处理后的时间序列数据，本项目取 2013 年 8 月至 2014 年 12 月期间的岙山水质数据进行描述。

2）评价结果

水温随时间的变化关系如图 2−1 所示，可见岙山海域的海水温度全年在 8～28℃，随季节有明显的梯度变化，低温出现在每年的 1—3 月，高温出现在每年的7—8 月，全年温差在 20℃左右。

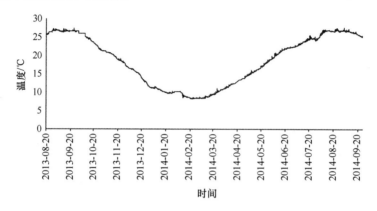

图 2−1　水温随时间的变化关系

盐度随时间的变化关系如图 2−2 所示，可见岙山海域海水盐度范围为 19～32，平均盐度约为 27。对于东海近岸海域来说，海水盐度一般为 34，即岙山海域的盐度值相对于整个东海近岸海域平均水平来说较低，分析其原因可能受到近岸内陆淡水的稀释作用所致。

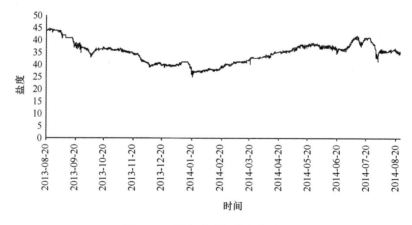

图 2−2　盐度随时间的变化关系

电导率指水的电阻的倒数，通常用来表示水的纯净度。嵛山海域海水电导率随时间的变化关系如图 2 - 3 所示，可见，嵛山海域海水的电导率范围为 20 ~ 50 mS/cm，平均值约为 35 mS/cm。电导率的计算方式与盐度类似，其趋势变化规律和盐度基本相同。电导率分别在每年的 1 月和 8 月达到波谷和波峰，分析原因，编者认为 2 月嵛山海域降水量较大，8 月降水量较小，即淡水注入海洋流量的变化导致电导率发生相应的规律性变化。

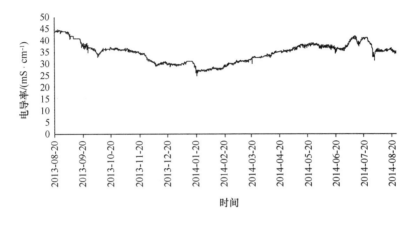

图 2 - 3　电导率随时间的变化关系

嵛山海域海水浊度随时间的变化关系如图 2 - 4 所示，可见受所在海域水文动力和泥沙冲淤影响，嵛山水域的海水浊度变化非常频繁，但全年的季节性规律仍较为明显，总体呈冬春季节偏高、夏季明显偏低，全年变化范围为 10 ~ 450 NTU。

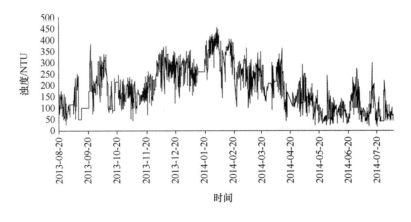

图 2 - 4　浊度随时间的变化关系

嵛山海域海水叶绿素浓度随时间的变化关系如图 2 - 5 所示，可见与浊度不同，叶绿素随时间的波动较小，全年变化范围仅在 0.5~3 μg/L。表明该段时间，呑山海域海水中的绿色生物较少，远小于发生水体富营养化的量，这与同期未出现赤潮现象的结论相吻合。

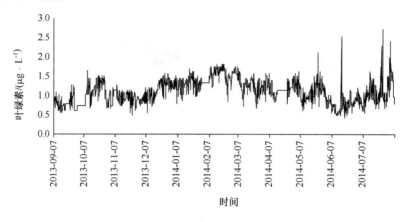

图 2-5　叶绿素随时间的变化关系

呑山海域海水石油烃类随时间的变化关系如图 2-6 所示，数据显示，在 2013 年 12 月至 2014 年 5 月，石油烃类含量较低（<50 μg/L），而从 2014 年 6 月开始，石油烃类物质大量出现，最高值达到 600 μg/L，并且较高浓度的石油烃持续了一段时间，其原因可能是发生了溢油现象。

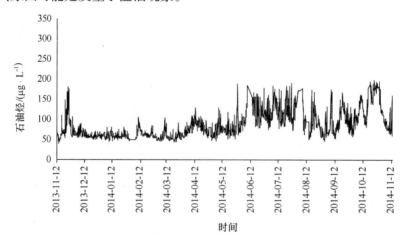

图 2-6　石油烃类随时间的变化关系

呑山海域海水 pH 值随时间的变化关系如图 2-7 图所示，可见，与一般清洁海水的 pH 值 8.0 相比，呑山海域海水 pH 值波动范围较大，为 7.5~8.5。在 2014 年 5

月底至 2014 年 6 月初，pH 值波动尤其明显，对比上述石油烃和叶绿素变化数据，出现 pH 值改变的原因可能是石油烃类物质在微生物分解过程中分解产物改变海水 pH 值及海洋藻类等光合生物生长吸收水体 CO_2 促进 pH 值升高。

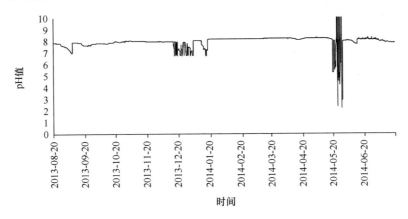

图 2-7 酸碱度随时间的变化关系

由图 2-8 溶解氧随时间的变化关系图可以看出，岙山海域海水的溶解氧范围为 5~10 mg/L，根据单因子指数法可以判断，岙山地区海水溶解氧水质达到海水二类水质以上。此外，海水溶解氧随季节变化也较为明显，夏季溶解氧的浓度达到最低，一方面是由于水温温度高，海水内部气体分压小，氧气的溶解度下降；另一方面由于水中生物生命活动比较强，即呼吸作用比较强，消耗氧气比较多，导致海水中的溶解氧含量降低。

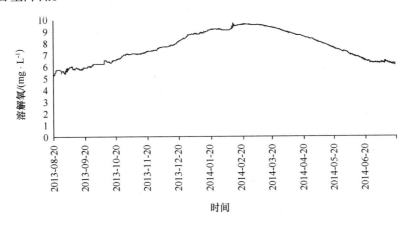

图 2-8 溶解氧随时间的变化关系

2.3 温岭海域水质现状分析

本节中所分析的数据为浙江省温岭海域浮标监测数据。

1）时间序列数据选取

对预处理后的时间序列数据，取 2013 年 8 月至 2014 年 12 月期间温岭水质数据进行描述。

2）评价结果

图 2-9 温度随时间的变化关系图显示，与岙山海域海水温度变化规律相似，温岭海域的海水温度在 8～30℃，且随季节有明显的梯度变化，峰值出现在每年的 7—8 月和 1—2 月，全年温差在 22℃ 左右。

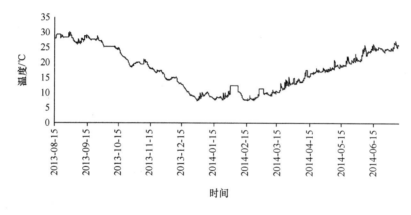

图 2-9　温度随时间的变化关系

由图 2-10 浊度随时间的变化关系图显示，温岭水域的海水浊度范围为 10～500 NTU。与岙山海域浊度变化规律相似，温岭海域海水的浊度日变化也较为频繁，且冬春季节出现峰值，夏季明显降低。在 2013 年 8 月至 2013 年 10 月浊度波动明显偏大，其原因可能与此海域同期泥沙含量较大有关。

由图 2-11 盐度随时间的变化关系图显示，温岭海域海水盐度范围为 20～32，平均盐度为 27 左右，同样低于东海近岸海域 34 的平均海水盐度。其原因也可能与温岭海域海水盐度受到近岸内陆淡水的稀释作用而导致盐度水平较低有关。

由图 2-12 叶绿素随时间的变化关系图可知，温岭海域海水中的叶绿素范围在 0～40 μg/L，在 2013 年 9 月至 2014 年 4 月随时间的波动比较小，受光照影响以及海水中绿色生物的影响，叶绿素含量比较少，小于发生水体富营养化的量，但在

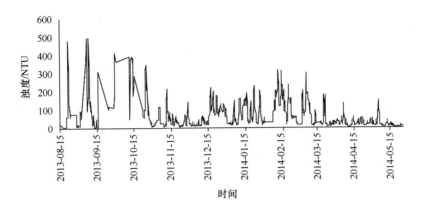

图 2 - 10　浊度随时间的变化关系

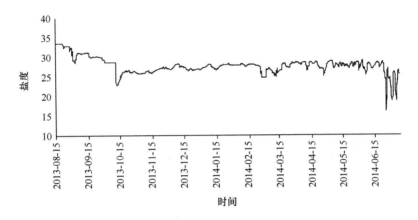

图 2 - 11　盐度随时间的变化关系

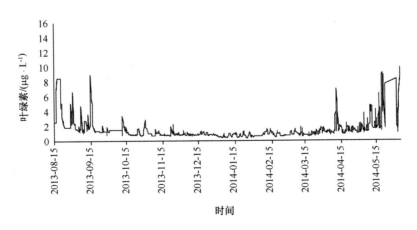

图 2 - 12　叶绿素随时间的变化关系

2014 年 5 月至 2014 年 6 月叶绿素值迅速增加，其值均大于 8 μg/L，表明该海域在此时间段可能发生了赤潮。

由图 2 - 13 电导率随时间的变化关系图显示，温岭海水电导率范围为 25 ~ 50 mS/cm，平均值为 35 mS/cm 左右。其趋势变化规律和盐度基本相同。

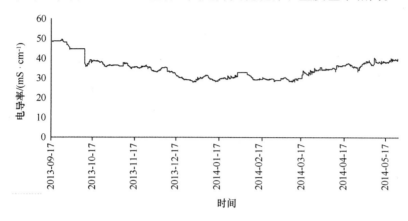

图 2 - 13　电导率随时间的变化关系

由图 2 - 14 pH 值随时间的变化关系图显示，温岭海域海水的 pH 值在 8.0 左右。在 2013 年 9 月至 2013 年 10 月和 2014 年 5 月至 2014 年 6 月，出现 pH 值增大，对比图 2 - 12 叶绿素的变化，可以推测可能是浮游生物光合生长吸收水体 CO_2 引起。

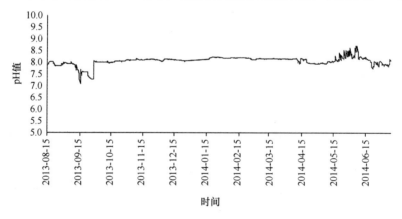

图 2 - 14　pH 值随时间的变化关系

由图 2 - 15 溶解氧随时间的变化关系图显示，大部分时间温岭水域的海水溶解氧范围为 5 ~ 10 mg/L，在单因子指标中水质处于海水二类水质以上，且与温度有一定的关系，随着温度的升高，溶解氧的浓度降低。夏季溶解氧的浓度达到最低，一方面是由于水温温度高，海水内部气体分压小，气体的溶解度下降；另一方面由于水中生物生命活动比较强，即呼吸作用比较强，消耗的氧气比较多，导致海水中的溶解氧含量降低。其中在 2014 年 5 月以后溶解氧波动比较大，导致出现该情况的原因有可能是海域中的生物组成（赤潮）发生变化造成的。

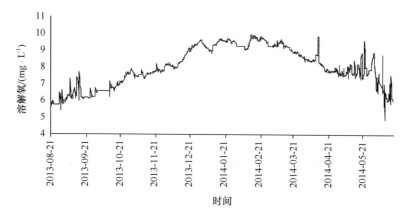

图 2 - 15　溶解氧随时间的变化关系

第3章 多要素水质数据分析

3.1 多变量数据分析概述

多变量分析（multivariable analysis）是统计方法的一种，包含了许多的方法，最基本的为单变量分析，再延伸出来的多变量分析，统计资料中有多个变量（或称因素、指标）同时存在时的统计分析，是统计学的重要分支，是单变量统计的发展。统计学中的多变量统计分析起源于医学和心理学。20世纪30年代，它在理论上发展很快，但由于计算复杂，实际应用很少。70年代以来，由于计算机的蓬勃发展和普及，多变量统计分析已渗入到几乎所有的学科。到80年代后期，计算机软件包已很普遍，使用也方便，因此多变量分析方法也更为普及。

多要素水质数据分析是指用适当的统计分析方法对收集来的大量数据进行分析，提取有用信息和形成结论而对数据加以详细研究和概括总结的过程。在实际运用中，分析数据中不同要素间的关系，可帮助人们做出判断，以便采取适当的行动。在海水分析中常常通过聚类分析、主成分分析、因子分析等方法确定各要素间的相关关系，为以后的水质预测和模型确立提供参考。

本项目主要研究由多个要素组成的水质数据，确认各要素之间的相关关系，最终得出最合适的模型输入变量结构。

3.1.1 聚类分析概述

聚类分析又称为群分析或分类分析，是根据"物以类聚"的道理，对研究目标进行分类的多元统计分析方法。根据研究目标的相似程度将目标进行分类，将性质相近的个体归于一类，性质差异较大的个体归于不同的类，使得类内个体具有较高的同质性，类间个体具有较高的异质性。其目的是将相似的事物进行归类，为以后数据的分析提供依据，是应用最为广泛的一种分类方法。

聚类分析可分为R型聚类及Q型聚类。对变量作分类称R型，对样本（观察单元、事物）作分类称Q型。分类的基础是相似性或距离，如果两个目标之间距离最短、相似系数最大自然就归为同一类。因此，在进行聚类分析时必须先定义相似性或距离。相似性或距离的定义法种类繁多。例如，常用变量间的相关系数代表变量间的相似性，以几何中两点间的欧氏距离（先要去量纲）代表两个样品间的距离。然后选用分类的数学公式，对它们的分类做出判别。这些公式同样种类繁多，至今没有一种公式是最优的。实际工作者常选用多种方法试算，再结合专业知识确定分类的结果。

3.1.2　主成分分析概述

主成分分析是一种分析、简化数据集的技术。研究如何通过少数几个主成分来揭示多个变量间的内部结构，即从原始变量中导出少数几个主成分，使它们尽可能多地保留原始变量的信息，且彼此间互不相关。在用统计分析方法研究多变量的数据时，变量个数太多就会增加研究的复杂性。因此变量个数少而反映的信息多的数据对数据的分析和预测有很大的优势。但是在很多情形下，变量之间是有一定的相关关系的，当两个变量之间有一定相关关系时，说明两个变量反映此目标的信息有一定的重叠。主成分分析是对于原先提出的所有变量，将重复的变量删去，建立尽可能少的新变量，使得这些新变量是两两不相关的，而且这些新变量在反映原数据的信息方面尽可能保持原有的信息。

3.1.3　因子分析概述

因子分析就是用少数几个因子去描述许多指标或因素之间的联系，即将相关比较密切的几个变量归在同一类中，每一类变量就成为一个因子，以较少的几个因子反映原资料的大部分信息。在数据分析中通常将主成分分析和因子分析一起使用，主成分分析的重点在于解释各变量的总方差，而因子分析则把重点放在解释各变量之间的协方差。因此，可以将主成分分析确定的综合变量的个数，作为因子分析中的公因子数，提高因子分析的效果。

因子分析也称因素分析。海洋学、生物学及一切社会和自然现象中各变量（或事物）之间常存在有相关性或相似性。这是因为变量（或事物）之间往往存在有共性因素（称为公因子或共性因子），这些共性因子同时影响不同的变量（或事物）。因子分析的根本任务就是从众多的变量（或事物）中由表及里找出隐含于它们内部的公因子，指出公因子的主要特点，并用由实际测量到的变量（或事物）构造公因子。

3.2　海水监测数据统计分析实例

由于本项目的实验目标是神经网络预测海水中溶解氧，因此数据统计分析的目标是确定原数据中可以充分解释溶解氧的要素。本部分所使用的数据是浙江省岱山海域浮标监测数据中经过预处理后的水质监测数据。

3.2.1　聚类分析

本研究通过初步分析确定和溶解氧有关的 10 个要素（表 3 - 1）进行聚类，通过 Matlab 最短距离法系统聚类进行分析（图 3 - 1）。

表 3 - 1　水质变量表

编号	1	2	3	4	5	6
变量	石油类的值 /（$\mu g \cdot L^{-1}$）	光照	水深 /m	水温 /℃	盐度	溶解氧饱和度（%）
编号	7	8	9	10	11	—
变量	溶解氧 /（$mg \cdot L^{-1}$）	叶绿素 /（$\mu g \cdot L^{-1}$）	浊度 /NTU	电导率 /（$mS \cdot cm^{-1}$）	酸碱度	—

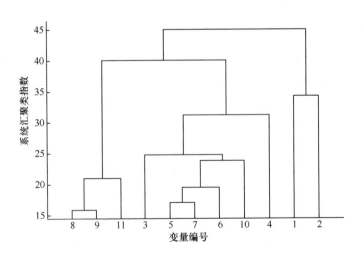

图 3 - 1　聚类分析树状图

由以上聚类分析的树状图可以看出溶解氧和其他要素之间的相关关系，但聚类结果不明显，为了更清晰地找出对溶解氧影响较大的要素，对数据进行主成分分析和因子分析。

3.2.2　主成分分析

对以上 11 个变量进行主成分分析，通过 Matlab 中 PCA 函数计算各主成分累积贡献率（图 3 - 2）。

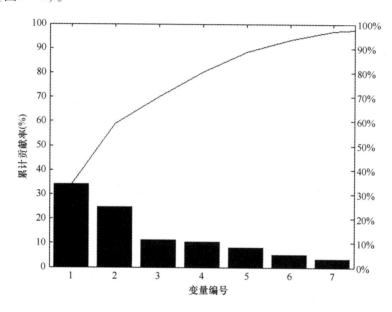

图 3 - 2　主成分分析累积贡献率

由图 3 - 2 可以看出，第一和第二主成分解释的信息较多，其他成分解释的信息小于 20% ，因此为提高主成分的解释信息量，减少原变量中与溶解氧相关性较低的变量，如酸碱度、光照、水深后，对其他变量再次进行主成分分析，结果如图 3 - 3 和图 3 - 4 所示。

结果分析：由图 3 - 3 和图 3 - 4 可以看出，前两个主成分可以解释超过 80% 的累积贡献率，其中第一主成分解释的方差最多，第二主成分解释的方差次之。因此，可以得出 7 个变量进行主成分分析形成的两个综合变量可以基本解释原数据的信息量。

3.2.3　因子分析

为了确定溶解氧具体的影响要素，对数据进行因子分析，根据以上主成分分析

21

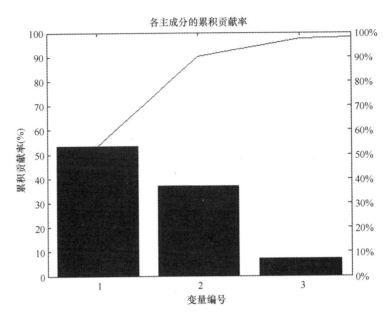

图 3-3　变量数减少后的累积贡献率

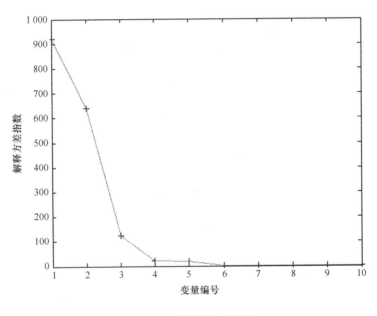

图 3-4　主成分解释方差

得出的结果,当累积贡献率为 80% 时主成分为 2 个,由此在因子分析中取公因子数为 2 进行分析,通过 Matlab 中 FACTORAN 函数进行因子分析,为提高因子分析的效果，采用"最大方差旋转法"进行因子旋转，最终得出的结果，如表 3 - 2 所示。

表 3 - 2　因子分析结果

变量	因子 1	因子 2
盐度	0.282	0.864
叶绿素/（μg·L⁻¹）	0.551	0.405
浊度/NTU	0.756	0.197
电导率/（mS·cm⁻¹）	-0.413	0.845
石油类的值/（μg·L⁻¹）	-0.417	0.019
温度/℃	-0.953	0.133
溶解氧饱和度（%）	0.877	-0.018
贡献率（%）	42.511	24.005
累积贡献率（%）	42.511	66.516

因子解释：

（1）根据表 3 - 2 取各变量分别在 2 个因子中系数极化最高的变量作为最终的分析结果，结果为盐度、浊度、温度、溶解氧饱和度。

（2）对以上所选变量与酸碱度进行 T 检验和相关性系数检验。

取显著性水平为 $\alpha = 0.05$，对各变量进行 T 检验，其中 $H = 1$ 即 $P < 0.05$ 显著性检验通过，结果如表 3 - 3 所示。

表 3 - 3　相关系数表

变量	H	相关系数	变量	H	相关系数
盐度	1	0.177	温度	1	-0.987
浊度	1	0.691	溶解氧饱和度	1	0.902

3.2.4　结果分析

根据表 3 - 2 和表 3 - 3 所示结果，结合图 3 - 1 和图 3 - 3，最终得出：盐度、温度、溶解氧饱和度可以较好地解释溶解氧，为 BP 神经网络或 Elman 神经网络建模提供依据。

第4章 Elman 神经网络模型预测

4.1 Elman 神经网络的概述

4.1.1 人工神经网络简介

人工神经网络（Artificial Neural Network，ANN）起源于20世纪80年代。它从信息处理角度对人脑神经元网络进行抽象，建立某种简单模型，按不同的连接方式组成不同的网络。神经网络是一种运算模型，由大量的节点（或称神经元）相互连接构成。每个节点代表一种特定的输出函数，称为激励函数（activation function）。每两个节点间的连接都代表一个对于通过该连接信号的加权值，称之为权重，这相当于人工神经网络的记忆。网络的输出则依网络的连接方式、权重值和激励函数的不同而不同。而网络自身通常都是对自然界某种算法或者函数的逼近，也可以是对一种逻辑策略的表达。

人工神经网络是由大量的简单基本元件——神经元相互连接而成的自适应非线性动态系统。每个神经元的结构和功能比较简单，但大量神经元组合产生的系统行为却非常复杂。其特性在于信息的分布式存储、大规模并行协同处理和自适应（学习）过程。其基本功能是：①联想记忆功能：由于神经网络具有分布式存储信息和并行计算性能，因此它具有对外界刺激和输入信息进行联想记忆的能力。②具有自学习功能：神经网络对外界输入样本具有很强的识别和分类的能力。自学习功能对于预测未来有特别重要的意义。③优化计算功能：是指在已知的约束条件下，寻找一组参数组合，使该组合确定的目标函数达到最小。设置一组随机数据作为起始条件，当系统的状态处于稳定时，神经网络方程的解作为输出优化结果。④非线性映射功能：设计合理的神经网络通过对系统输入输出样本进行训练学习，从理论上讲，能够以任意精度逼近任意复杂的非线性函数。

神经网络的研究内容相当广泛，反映了多学科交叉技术领域的特点。主要的研究工作集中在以下几个方面：①生物原型研究。从生理学、心理学、解剖学、脑科学、病理学等生物科学方面研究神经细胞、神经网络、神经系统的生物原型结构及其功能机理。②建立理论模型。根据生物原型的研究，建立神经元、神经网络的理论模型。其中包括概念模型、知识模型、物理化学模型、数学模型等。③网络模型与算法研究。在理论模型研究的基础上构造具体的神经网络模型，以实现计算机模拟或准备制作硬件，包括网络学习算法的研究。这方面的工作也称为技术模型研究。④人工神经网络应用系统。在网络模型与算法研究的基础上，利用人工神经网络组成实际的应用系统。例如，完成某种信号处理或模式识别的功能、构造专家系统、制成机器人等。

人工神经网络反映了人脑功能的若干基本特性，但并非生物系统的逼真描述，只是某种模仿、简化和抽象。与数字计算机比较，人工神经网络在构成原理和功能特点等方面更加接近人脑，它不是按给定的程序一步一步地执行运算，而是它自身能够适应环境、总结规律、完成某种运算、识别或过程控制。

人工神经网络首先要以一定的学习准则进行学习，然后才能工作。现以人工神经网络对于写"A""B"两个字母的识别为例进行说明，规定当"A"输入网络时，应该输出"1"，而当输入为"B"时，输出为"0"。

所以网络学习的准则应该是：如果网络做出错误的判决，则通过网络的学习，应使得网络减少下次犯同样错误的可能性。首先，给网络的各连接权值赋予（0，1）区间内的随机值，将"A"所对应的图像模式输入给网络，网络将输入模式加权求和、与门限比较、再进行非线性运算，得到网络的输出。在此情况下，网络输出为"1"和"0"的概率各为 50%，也就是说，是完全随机的。这时如果输出为"1"（结果正确），则使连接权值增大，以便使网络再次遇到"A"模式输入时，仍然能做出正确的判断。

如果输出为"0"（即结果错误），则把网络连接权值朝着减小综合输入加权值的方向调整，其目的在于使网络下次再遇到"A"模式输入时，减小犯同样错误的可能性。如此操作调整，当给网络轮番输入若干个手写字母："A""B"后，经过网络按以上学习方法进行若干次学习后，网络判断的正确率将大大提高。这说明网络对这两个模式的学习已经获得了成功，它已将这两个模式分布记忆在网络的各个连接权值上。当网络再次遇到其中任何一个模式时，能够做出迅速、准确的判断和识别。一般说来，网络中所含的神经元个数越多，则它能记忆、识别的模式也就越多。

人工神经网络基本结构如图 4 - 1 所示。

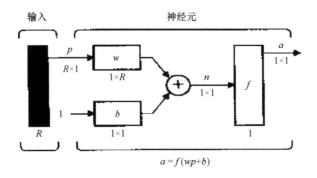

图 4-1 人工神经网络基本结构

4.1.2 Elman 神经网络简介

Elman 网络是 J. L. Elman 于 1990 年首先针对语音处理问题而提出来的，它是一种典型的局部回归网络（Global Feed For Ward Local Recurrent）。Elman 网络可以看作是一个具有局部记忆单元和局部反馈连接的前向神经网络。Elman 网络具有与多层前向网络相似的多层结构。它的主要结构是前馈连接，包括输入层、隐含层、输出层，其连接权可以进行学习修正；反馈连接由一组"结构"单元构成，用来记忆前一时刻的输出值，其连接权值是固定的。在这种网络中，除了普通的隐含层外，还有一个特别的隐含层，称为关联层（或联系单元层），该层从隐含层接收反馈信号，每一个隐含层节点都有一个与之对应的关联层节点连接。关联层的作用是通过连接记忆将上一个时刻的隐含层状态连同当前时刻的网络输入一起作为隐含层的输入，相当于状态反馈。隐含层的传递函数仍为某种非线性函数，一般为 Sigmoid 函数，输出层为线性函数，关联层也为线性函数。

Elman 神经网络属于反馈型神经网络，基本的 Elman 神经网络由输入层、隐含层、连接层和输出层组成。与 BP 网络相比，在结构上多了一个连接层，用于构成局部反馈。连接层的传输函数为线性函数，但是多了一个延迟单元，因此连接层可以记忆过去的状态，并在下一时刻与网络的输入一起作为隐含层的输入，使网络具有动态记忆功能，非常适合时间序列预测问题。

4.2　样本数据选取与处理

4.2.1　样本数据选取

本章实例中所使用的数据为浙江省舟山岙山海域浮标监测数据中的溶解氧数据，对预处理后的时间序列海水监测数据进行选取，其历史数据长度如下：①训练数据范围为 2013 年 8 月 28 日至 2014 年 8 月 28 日；②检验数据范围为 2014 年 8 月 25 日至 2014 年 11 月 25 日。

4.2.2　样本数据归一化处理

由于不同变量的量级不同，为了降低量纲化对结果的影响，对训练数据和检验数据进行归一化处理。

Matlab 归一化函数 [Pn，minp，maxp，Tn，mint，maxt] = premnmx（P，T）；

溶解氧历史数据归一化后结果如图 4 - 2 所示。

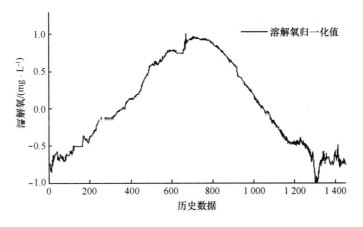

图 4 - 2　训练数据归一化

27

4.3 模型参数确定

4.3.1 确定隐含层神经元个数范围

根据 Kolmogorov 经验公式确定隐含层神经元个数范围，公式为

$$s = \sqrt{m + n + a}$$

式中，a 取 $1 \sim 10$；m 为输出层个数；n 为输入层个数。即确定隐含层神经元个数范围为 $3 \sim 13$，根据不同隐含层神经元个数分别建立网络，取训练步数为 1 000，分别进行短期训练，并用检验数据进行误差验证，最后通过计算误差的欧几里得范数确定模型的收敛性，取欧几里得范数值最小，即收敛性最好的模型的隐含层神经元数作为最适合的隐含层神经元数。

4.3.2 根据不同模型的欧几里得范数确定隐含层神经元数

1）Matlab 代码

```
s = 3：13；%隐含层个数范围
res = 1：10；
for i = 1：10；
net = newelm（Pn，Tn，s（i）], {'tansig', 'tansig'}）;%建立网络
net. trainparam. show = 50;%设置参数
net. trainparam. lr = 0.1；
net. trainparam. mc = 0.9；
net. trainparam. epochs = 1000；
net. trainparam. goal = 0；
[net, tr] = train（net，Pn，Tn）；
an = sim（net，Pn1）；
err = an – Tn1;%绝对误差
res（i）= norm（err）;%范数
end；
```

2）欧几里得范数计算结果

由于欧几里得范数值最小时收敛性最好，所以根据表 4 – 1 最后得出隐含层 $s =$

11 时模型的收敛性最好。

表 4 - 1　隐含层范数表

隐含层数	范数	隐含层数	范数
3	1. 826	8	1. 942
4	2. 227	9	2. 005
5	2. 335	10	2. 048
6	1. 942	11	1. 781
7	2. 189	12	1. 942

3）传递函数和训练方法的确定

对输入层和输出层取不同的传递函数及不同的训练方法分别进行训练网络，分别计算检验数据误差的欧几里得范数，最终确定最合适的输入层和输出层传递函数分别为 Tansig 和 Purelin，收敛速度最快的训练方法为 Levenberg - Marquardt 法。

4.4　建立并训练网络

4.4.1　根据确定的参数建立网络并训练

Matlab 代码：

```
net = newelm（Pn, Tn , 11］, {‘tansig’,‘tansig’}）;% 建立网络
```
根据训练效果调整下列参数
```
net. trainparam. show = 50;
net. trainparam. lr = 0. 05;
net. trainparam. mc = 0. 9;
net. trainparam. epochs = 10000;
net. trainparam. goal = 0;
［net, tr］ = train（net, Pn, Tn）;
```

4.4.2　模型拟合

Matlab 代码：

an = sim（net，Pn）

［a］= postmnmx（an，mint，maxt）;% 反归一化

L = length（Pn）

plot（（1：L），T，'r –'，（1：L），an，'b –'）

title（'训练数据拟合结果'）；

legend（'原训练数据输出'，'拟合输出'）

4.4.3　拟合结果误差分析

为了更清楚地了解模型的拟合效果，计算拟合值和真实值的相对误差，得到结果如图 4 – 4 所示。由图 4 – 3 和图 4 – 4 可以看出：总体拟合效果较好，模型可以使用，但有一段数据误差较大，具体结果经过分析认为在此段样本数据中异常值较多，由于这种数据相对于总体数据较少，而去掉后会降低模型的泛化能力，因此在本文中不做处理。

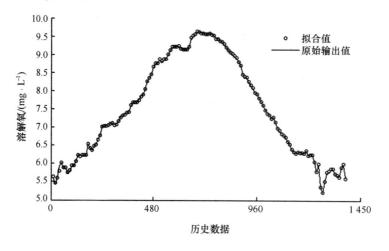

图 4 – 3　训练数据拟合结果

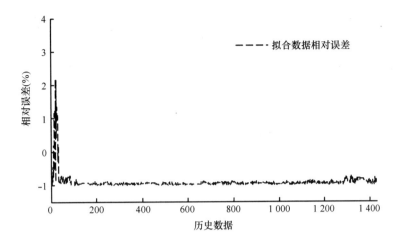

图 4 - 4　拟合结果相对误差

4.5　模型检验

4.5.1　检验数据归一化处理

对检验数据进行归一化处理，使得数据形式和训练数据形式一样，具体代码为：

[P1n，minp，maxp，T1n，mint，maxt] = premnmx（P1，T1）；

其中 P1，T1 分别为检验数据的输入和输出数据，P1n 为归一化后的检验数据即预测模型的输入值，minp，maxp 分别为原训练数据中输入数据的最小值和最大值，mint，maxt 分别为原训练数据中输出数据的最小值和最大值。

Matlab 处理结果如图 4 - 5 所示。

4.5.2　检验数据仿真

以 4.4 节中训练好的神经网络作为预测模型，处理后的归一化检验数据为模型的输入数据，通过模型运算后得出预测结果，并对模型预测结果进行反归一化得到最终的预测数据，模型预测结果和实际的检验数据输出值的对比情况如图 4 - 6 所示。

由图 4 - 6 可以得知模型预测值和真实值之间的变化趋势基本相同，即模型的预测结果与实际情况相符，但为了更详细地了解模型预测的精度，需要对预测结果进

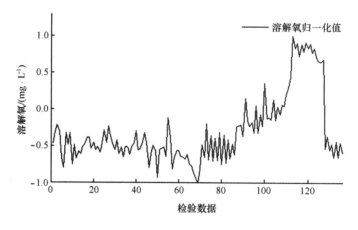

图 4-5　检验数据归一化

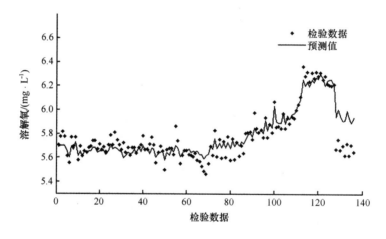

图 4-6　Elman 神经网络预测结果对比

行相对误差分析。

4.5.3　检验数据误差分析

　　由图 4-7 可以看出：拟合效果较好，误差较低，小于 2.5%，模型可以使用。从模型运行过程中可以看出，隐含层神经元的个数和样本数据的预处理是提高模型精度的主要因素。样本数据中异常数据较多会严重影响模型拟合结果，因此对数据的预处理是提高模型精度的重要方向之一。

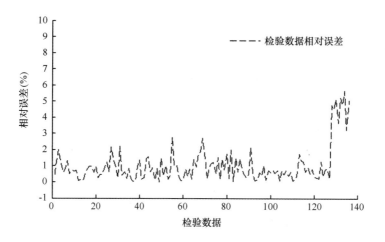

图 4 - 7　Elman 神经网络检验数据相对误差

4.6　模型评价

评价模型预测效果最重要的方法就是对预测出的结果和实际值进行对比，在 4.5 节中由于模型初步预测出的结果是归一化后的数值即范围为 0 ~ 1，因此首先对其进行反归一化处理得出真正的预测结果，通过计算该预测结果和实际值的相对误差来分析模型的预测效果。由图 4 - 7 分析可以得出 Elman 模型预测结果与实际结果的相对误差较小，140 个预测数据中最大误差值为 6%，平均误差值为 2%，再结合图 4 6 可以得出模型预测的总体效果较好，预测结果和实际数据不但趋势变化基本吻合，而且相对误差较小，符合模型预测误差小于 30% 的要求，即 Elman 模型在时间序列水质预测中具有较高的预测效果，其预测结果可以为水质预防和污染治理提供参考。

第 5 章　BP 神经网络模型预测

5.1　BP 神经网络建模

5.1.1　BP 神经网络简介

BP（Back Propagation）神经网络是 1986 年由 Rumelhart 和 McCelland 为首的科学家小组提出的，是一种按误差逆传播算法训练的多层前馈网络，是目前应用最广泛的神经网络模型之一。BP 网络是能学习和存储大量的输入 – 输出模式映射关系，而无须事前揭示描述这种映射关系的数学方程。它的学习规则是使用最速下降法，通过反向传播来不断调整网络的权值和阈值，使网络的误差平方和最小。BP 神经网络模型拓扑结构包括输入层（Input Layer）、隐含层（Hidden Layer）和输出层（Output Layer）。

在人工神经网络发展历史中，很长一段时间里没有找到隐含层的连接权值调整问题的有效算法。误差反向传播算法（BP 算法）的提出，成功地解决了求解非线性连续函数的多层前馈神经网络权重调整问题。BP 神经网络，即误差反向传播算法的学习过程，由信息的正向传播和误差的反向传播两个过程组成。输入层各神经元负责接收来自外界的输入信息，并传递给中间层各神经元；中间层是内部信息处理层，负责信息变换，根据信息变化能力的需求，中间层可以设计为单隐层或者多隐层结构；最后一个隐含层传递到输出层各神经元的信息，经进一步处理后，完成一次学习的正向传播处理过程，由输出层向外界输出信息处理结果。当实际输出与期望输出不符时，进入误差的反向传播阶段。误差通过输出层，按误差梯度下降的方式修正各层权值，向隐含层、输入层逐层反传。周而复始的信息正向传播和误差反向传播过程，是各层权值不断调整的过程，也是 BP 神经网络学习训练的过程，此过程一直进行到网络输出的误差减少到可以接受的程度，或者达到预先设定的学习次数为止。

只要其隐含的神经元数足够，就可以任意精度逼近任何连续函数，实现 Rn 上

$[0,1]^n$ 到 Rm 的映射能力，BP 神经网络具有自学习、自组织和适应能力。

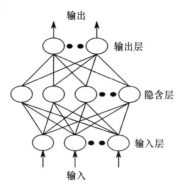

图 5 – 1　BP 神经网络模型

5.1.2　BP 神经网络建模过程

1）公式参数说明和变量定义

输入层神经元数 n，隐含层神经元数 p，输出层神经元数 q

输入向量：$x = (x_1, x_2, \cdots, x_n)$

隐含层输入向量：$h_i = (h_{i1}, h_{i2}, \cdots, h_{ip})$

隐含层输出向量：$h_o = (h_{o1}, h_{o2}, \cdots, h_{op})$

输出层输入向量：$y_i = (y_{i1}, y_{i2}, \cdots, y_{iq})$

输出层输出向量：$\gamma_o = (\gamma_{o1}, \gamma_{o2}, \cdots, \gamma_{oq})$

期望输出向量：$d_0 = (d_1, d_2, \cdots, d_q)$

输入层到中间层权值：$w_{hi} = (w_{h1}, w_{h2}, \cdots, w_{hp})$

中间层到输出层权值：$w_{oh} = (w_{o1}, w_{o2}, \cdots, w_{hq})$

2）建模过程

（1）首先，计算各层神经元的输入和输出。

$$h_{ih}(k) = \sum_{i=0}^{n} w_{hi}x_i(k) \quad h = 1,2,\cdots,p \qquad (5-1)$$

$$h_{oh}(k) = f[h_{ih}(k)] \quad h = 1,2,\cdots,p \qquad (5-2)$$

$$y_{io}(k) = \sum_{h=0}^{p} w_{oh}h_{oh}(k) \quad o = 1,2,\cdots,q \qquad (5-3)$$

$$y_{oo}(k) = f[yi_o(k)] \quad o = 1,2,\cdots,q \qquad (5-4)$$

（2）利用网络期望输出和实际输出，计算误差函数对输出层的各神经元的偏导数。

$$\frac{\partial e}{\partial w_{oh}} = \frac{\partial e}{\partial y_{io}} \frac{\partial y_{io}}{\partial w_{oh}} \quad (5-5)$$

式中，e 为期望输出 - 实际输出。

化简过程为：

$$\frac{\partial e}{\partial y_{io}} = \frac{\partial \left\{ \frac{1}{2} \sum\limits_{o=1}^{q} \left[d_o(k) - y_{oo}(k) \right] \right\}^2}{\partial y_{io}}$$

$$= - \left[d_o(k) - y_{oo}(k) \right] y_{o'o}(k)$$

$$= - \left[d_o(k) - y_{oo}(k) \right] f'\left[y_{io}(k) \right] - \delta_0(k)$$

$$\frac{\partial y_{io}(k)}{\partial w_{oh}} = \frac{\partial \left[\sum\limits_{h}^{p} w_{oh} h_{oh}(k) \right]}{\partial w_{oh}} = h_{oh}(k)$$

（3）利用隐含层到输出层的连接权值、输出层的 $\delta_o(k)$ 和隐含层的输出计算误差函数对隐含层各神经元的偏导数 $\delta_h(k)$。

$$\frac{\partial e}{\partial w_{oh}} = \frac{\partial e}{\partial y_{io}} \frac{\partial y_{io}}{\partial w_{oh}} = - \delta_o(k) h_{oh}(k) \quad (5-6)$$

化简过程为：

$$\frac{\partial e}{\partial w_{hi}} = \frac{\partial e}{\partial h_{ih}(k)} \frac{\partial h_{ih}(k)}{\partial w_{hi}}$$

$$\frac{\partial h_{ih}(k)}{\partial w_{hi}} = \frac{\partial \left[\sum\limits_{i=0}^{n} w_{hi} x_i(k) \right]}{\partial w_{hi}} = x_i(k)$$

$$\frac{\partial e}{\partial h_{ih}(k)} = \frac{\partial \left\{ \frac{1}{2} \sum\limits_{o=1}^{q} \left[d_0(k) - y_{oo}(k) \right]^2 \right\}}{\partial h_{oh}(k)} \frac{\partial h_{oh}(k)}{\partial h_{ih}(k)}$$

$$= \frac{\partial \left(\frac{1}{2} \sum\limits_{o=1}^{q} \left\{ d_o(k) - f\left[y_{io}(k) \right] \right\}^2 \right)}{\partial h_{oh}(k)} \frac{\partial h_{oh}(k)}{\partial h_{ih}(k)}$$

$$= \frac{\partial \left(\frac{1}{2} \sum\limits_{o=1}^{q} \left\{ \left[d_o(k) - f\left[\sum\limits_{h=0}^{p} w_{ho} h_{oh}(k) \right]^2 \right] \right\} \right)}{\partial h_{oh}(k)} \frac{\partial h_{oh}(k)}{\partial h_{ih}(k)}$$

$$= - \sum\limits_{o=1}^{q} \left[d_0(k) - y_{oo}(k) \right] f'\left[y_{io}(k) \right] w_{ho} \frac{\partial h_{oh}(k)}{\partial h_{ih}(k)}$$

$$= - \left[\sum\limits_{o=1}^{q} \delta_o(k) w_{ho} \right] f'\left[h_{ih}(k) \right] - \delta_h(k)$$

（4）利用输出层各神经元的 $\delta_o(k)$ 和隐含层各神经元的输出来修正连接权值 $w_{oh}(k)$。

$$\Delta w_{oh}(k) = -\mu \frac{\partial e}{\partial w_{oh}} = \mu \delta_o(k) h_{oh}(k)$$

$$w_{oh}^{N+1} = w_{oh}^N + \mu \delta_o(k) h_{oh}(k) \tag{5-7}$$

式中，μ 为设置的学习率。

（5）利用隐含层各神经元的 $\delta_h(k)$ 和输入层各神经元的输入修正连接权。

$$\Delta w_{hi}(k) = -\mu \frac{\partial e}{\partial w_{hi}} = \delta_h(k) x_i(k)$$

$$w_{hi}^{N+1} = w_{hi}^N + \mu \delta_h(k) x_i(k) \tag{5-8}$$

（6）计算全局误差。

$$E = \frac{1}{2m} \sum_{k=1}^{m} \sum_{o=1}^{q} \left[d_o(k) - y_o(k) \right]^2 \tag{5-9}$$

（7）判断网络误差是否满足要求。当误差达到预设精度或学习次数大于设定的最大次数，则结束算法。否则，选取下一个学习样本及对应的期望输出，返回进入下一轮学习。

5.2　样本数据选取与处理

5.2.1　确定神经网络的输入输出

由多要素水质数据分析可以确定：
（1）输入层：盐度、溶解氧饱和度、溶解氧。
（2）输出层：酸碱度。

5.2.2　数据的处理

对预处理后的原始数据以 6 h 为间隔，通过 Excel 中 Vlookup 函数处理，选取每天 0 点、6 点、12 点、18 点的数据形成时间序列连续的样本数据。对于时间序列数据中缺失的数据通过 Vlookup 函数取距离缺失点最近的数据补全时间序列。

5.2.3　样本数据选取

本章实例中所使用的数据为浙江省舟山岙山海域溶解氧浮标监测数据，具体数据日期如下：①训练数据范围为 2013 年 8 月 28 日至 2014 年 8 月 28 日；②检验数据范围为 2014 年 8 月 28 日至 2014 年 11 月 25 日。由于 BP 神经网络与 Elman 神经网络的建模方法类似，因此为了方便比较模型的优势，取和 Elman 神经网络模型相同的历史数据以及相同的检验数据来建立 BP 神经网络。

5.2.4 样本数据预处理

1）取对数降低异方差

以 e 为底对样本数据取对数，降低样本数据的异方差，降低异常数据的影响。

2）归一化处理

通过对输入和输出数据的归一化处理降低量纲化对结果的影响。

Matlab 归一化函数 ［Pn，minp，maxp，Tn，mint，maxt］＝ premnmx（P，T）；由于 BP 神经网络模型的历史数据与第 4 章中 Elman 模型的历史数据相同，因此样本数据归一化结果如图 4 - 2 所示。

5.3 模型参数确定

5.3.1 确定隐含层个数

根据误差的欧几里得范数确定最适合的隐含层数。欧几里得范数可以反映向量在空间的长度，因此，欧几里得范数值越小，模型收敛性越好。

Matlab 代码如下：

```
s = 5：28；%隐含层个数范围
res = 1：24；
for i = 1：24；
net = newff（minmax（Pn），［s（i），1］，｛'purelin'，'purelin'｝，'traingdm'）；%建立网络
net. trainparam. show = 50；%设置参数
net. trainparam. lr = 0. 1；
net. trainparam. mc = 0. 9；
net. trainparam. epochs = 200；
```

net. trainparam. goal = 1e − 3;

[net, tr] = train (net, Pn1, Tn1);

an = sim (net, Pn1);

err = an − Tn1;%绝对误差

res (i) = norm (err);%范数

end;

结果如下：以上代码经过多次运行最后得出隐含层 s = 17 时模型的收敛性最好，结果如表 5 − 1 所示。

表 5 − 1　隐含层范数表

隐含层数	范数	隐含层数	范数	隐含层数	范数
5	5. 357 5	13	5. 112 3	21	4. 629 7
6	5. 144 3	14	4. 145 3	22	4. 873 9
7	4. 999 5	15	4. 516 7	23	4. 183 3
8	4. 983 3	16	4. 242 6	24	4. 415 6
9	4. 547 9	17	4. 055 2	25	4. 202 6
10	5. 077 1	18	4. 386 2	26	4. 878 8
11	4. 754 3	19	4. 339 6	27	5. 217 6
12	4. 178 7	20	4. 350 4	28	5. 857 7

5.3.2　模型中训练函数和传递函数的确定

不同的训练和传递函数对模型的收敛性有影响。通过对不同种类的传递函数和学习函数进行试验，最终得出，输入层到中间层的传递函数为"tansig"，中间层到输出层的传递函数为"purelin"、学习函数为"trainlm"时模型收敛性最好（表 5 − 2）。

表 5 − 2　学习函数表

标准 BP 算法	traingd
增加动量法	traingdm
弹性 BP 算法	trainrp
动量及自适应学习速率法	trangdx
共轭梯度法	traincgf
Levenberg − Marquardt 法	trainlm

5.4 建立并训练网络

通过选定的传递函数和学习函数，采用 Matlab 神经网络工具箱建立并训练网络：

代码为：

net = newff（minmax（Pn），[16，1]，{'tansig'，'purelin'}，'trainlm'）；

% 根据训练效果调整下列参数

net. trainparam. show = 50；

net. trainparam. lr = 0.05；

net. trainparam. mc = 0.9；

net. trainparam. epochs = 5000；

net. trainparam. goal = 1e − 3；

% Pn，Tn 分别为归一化后的输入数据和输出数据

[net，tr] = train（net，Pn，Tn）；

5.5 模型仿真

对训练后的网络进行仿真以验证网络训练的结果。

5.5.1 仿真结果

an = sim（net，Pn）

[a] = postmnmx（an，mint，maxt）；% 反归一化

L = length（Pn）

plot（（1：L），T，'r −'，（1：L），an，'b −'）

title('仿真模拟')；

legend('原输出'，'仿真输出')

由图 5 − 2 可以看出，BP 神经网络的拟合效果非常好，拟合值与实际值基本重合，网络训练合格，对此后文将进一步做相对误差分析。

5.5.2 仿真结果误差分析

由图 5 − 3 可以看出，训练后 BP 神经网络模型的拟合效果非常好，误差都在

1% 以内，即可以认为，经过训练后模型已经将历史数据中的信息全部提取完毕，模型具有预测能力，可以进行下一步的应用。

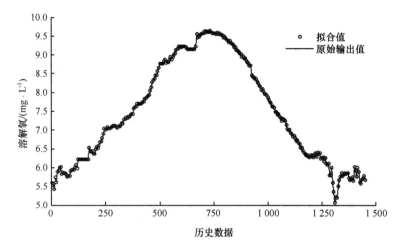

图 5 - 2　BP 神经网络拟合对比图

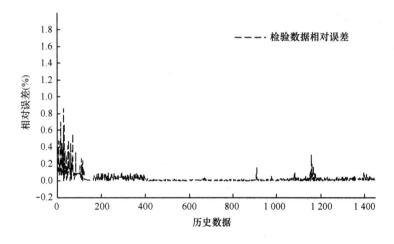

图 5 - 3　BP 神经网络拟合结果相对误差图

5.6　检验网络

5.6.1　检验数据处理

和训练数据的处理方法一样：①取对数降低异方差；②归一化处理。

5.6.2　检验数据模拟

bn = sim（net，Pn2）

［b］＝ postmnmx（bn，mint，maxt）

结果如图 5 - 4 所示。

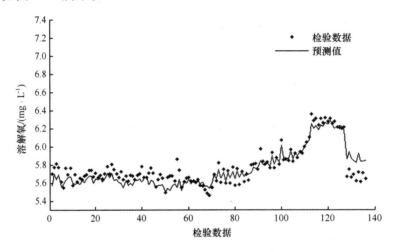

图 5 - 4　BP 神经网络模型运行结果对比

由图 5 - 4 可以看出，模型预测值和真实值之间的变化趋势基本相同，模型的预测结果与实际情况相符，即训练后的网络能够较准确地预测出未来一个月的溶解氧变化趋势，但为了更详细地了解模型预测的精度，需要对预测结果进行相对误差分析。

5.7　结果分析

5.7.1　预测数据和真实数据误差分析（相对误差）

```
for i = 1：100
err（i）＝（bn（i）－ Tn2（i））/Tn2（i）；
end；
plot（（1：100），err，'r -'）
```

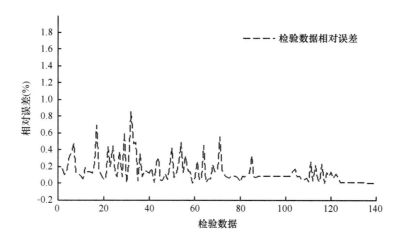

图 5 - 5　检验数据相对误差

5.7.2　模型评价

结合图 5 - 4 和图 5 - 5 分析可以看出，模型预测的效果很好，误差均小于 1%，在本次试验中 BP 神经网络的预测能力较强，在未来两个月的预测中精度较高，有较高的使用价值。即经过训练后的 BP 神经网络有较高的泛化能力，能够对原始序列的信息进行充分读取，能准确找出变量之间的映射关系，并将其应用在模型预测上，总而言之，经过分析可以认为 BP 神经网络对于水质预测有较高的预测精度，可以对水污染预防和管理提供科学的依据。

第6章 ARIMA 模型预测

6.1 ARIMA 模型概述

6.1.1 ARIMA 模型预测原理

ARIMA 模型全称为自回归积分滑动平均模型（Autoregressive Integrated Moving Average Model，ARIMA），是由博克思（Box）和詹金斯（Jenkins）于20世纪70年代初提出的著名时间序列预测方法，所以又称为 box‐jenkins 模型、博克思‐詹金斯法。其中 ARIMA（p，d，q）称为差分自回归移动平均模型，AR 是自回归，p 为自回归项；MA 为移动平均，q 为移动平均项数，d 为时间序列成为平稳时所做的差分次数。所谓 ARIMA 模型，是指将非平稳时间序列转化为平稳时间序列，然后将因变量仅对它的滞后值以及随机误差项的现值和滞后值进行回归所建立的模型。它是根据原序列是否平稳以及回归中所含部分的不同而建立的，包括移动平均过程（MA）、自回归过程（AR）、自回归移动平均过程（ARMA）以及 ARIMA 过程。

ARIMA 模型的基本思想是：将预测对象随时间推移而形成的数据序列视为一个随机序列，用一定的数学模型来近似描述这个序列。这个模型一旦被识别后就可以从时间序列的过去值及现在值来预测未来值。现代统计方法、计量经济模型在某种程度上已经能够帮助企业对未来进行预测。

6.1.2 ARIMA 模型预测基本程序

（1）根据时间序列的散点图、自相关函数和偏自相关函数图以 ADF 单位根检验其方差、趋势及其季节性变化规律，对序列的平稳性进行识别。

（2）对非平稳序列进行平稳化处理。如果数据序列是非平稳的，并存在一定的增长或下降趋势，则需要对数据进行差分处理。如果数据存在异方差，则需对数据进行技术处理，直到处理后的数据的自相关函数值和偏相关函数值无显著地等于零。

（3）根据时间序列模型的识别规则，建立相应的模型。若平稳序列的偏相关函数是截尾的，而自相关函数是拖尾的，可断定序列适合 AR 模型；若平稳序列的偏相关函数是拖尾的，而自相关函数是截尾的，则可断定序列适合 MA 模型；若平稳序列的偏相关函数和自相关函数均是拖尾的，则序列适合 ARIMA 模型。

　　（4）进行参数估计，检验是否具有统计意义。

　　（5）进行假设检验，诊断残差序列是否为白噪声。

　　（6）利用已通过检验的模型进行预测分析。

6.2　样本数据的选取

　　对预处理后的时间序列取 2013 年 8 月 28 日至 2014 年 8 月 28 日每天 12：00 的岙山海域溶解氧监测数据形成时间序列连续的样本数据。

　　由图 6-1 可以看出：样本数据不是平稳数据。为提高预测准确性，需要对原始的样本数据进行预处理。

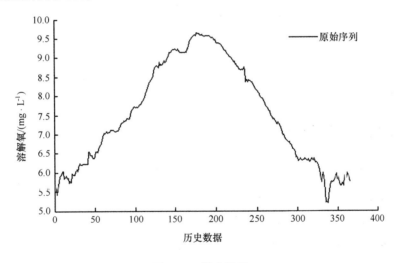

图 6-1　样本数据

6.3　样本数据的预处理

6.3.1　取对数降低异方差

　　异方差性是相对于同方差而言的。同方差是为了保证回归参数估计值具有良好的统计性质。经典的线性回归模型中有一个重要假定：总体回归函数中的随机误差项满足同方差性，即它们都有相同的方差。如果这一假定不满足，即随机误差项具有不同的方差，则称线性回归模型存在异方差。异方差的存在会降低预测的准确性，本文中通过以 e 为底对样本数据取对数，可以有效地降低异方差性，降低异方差对预测结果的影响，处理结果如图 6-2 所示。

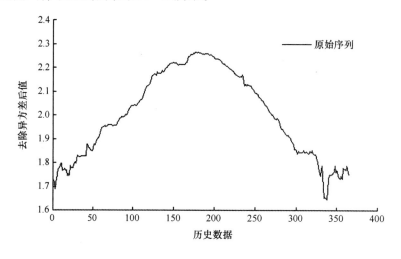

图 6-2　去除异方差

6.3.2　滤波法去除噪声

在样本数据中，由于存在短周期性，这些周期性的数据会对预测结果造成较大的影响，因此处理这些周期性的噪声数据，是提高预测准确性的重要步骤。由图 6-2可以看出，样本数据中虽然存在短周期性，但由于周期不固定，无法进行日周期或月周期差分去除噪声，因此本文中采用滤波法去除噪声。

1）形成频谱图

通过 FFT 函数进行离散型傅里叶转换将原数据转换成频谱图，便于观察噪声数据。

Matlab 代码如下：

%输入数据 im

% 做 FFT 离散傅氏变换

im_ fft =（fftshift（fft2（im）））;% fftshift 是把低频成分放到中间，方便观察。

% 显示 FFT

```
im_ magfft = abs（im_ fft）；
temp1 = log（im_ magfft + 1）；% 调整幅度，显示整个动态范围
Xmin = min（min（temp1））；
Xmax = max（max（temp1））；
scaf = 255/（Xmax − Xmin）；
im_ ftd = floor（scaf * （temp1 − Xmin））；
% 观察频谱中的噪声
figure；
plot（im_ ftd）；
xlabel（'数据'）
ylabel（'频率'）
title（'频谱图'）
axis（[0 3660250]）；
```

2）去除噪声

通过观察频谱图，选定去除噪声的范围后，去除噪声并还原频谱图。观察图 6 - 3，取长度为 10 去除噪声。

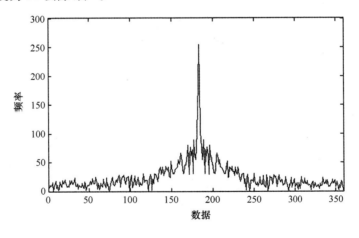

图 6 - 3　频谱图

Matlab 代码如下：

```
% 去除频谱中有噪声的区域
r = 10；% 设置中心半径
m = length（im）；
```

```
for i = 1: m
if ( ( (i − m/2) ^2 + 1/4) < r^2 )
mask (i, 1) = 1;
else
mask (i, 1) = 0;
end;
end;
im2_ fft = im_ fft. * mask';
% 反 FFT 变换
im2 = ifft (fftshift (im2_ fft));
im3 = abs (im2);
w = real (im3);
plot ( (1: m), w', 'b − ', (1: m), im', 'r − ');
legend ('去除噪声后数据', '原数据')
```

由图 6 − 4 可知，去除噪声后样本数据中的日周期性明显降低，数据更加光滑。

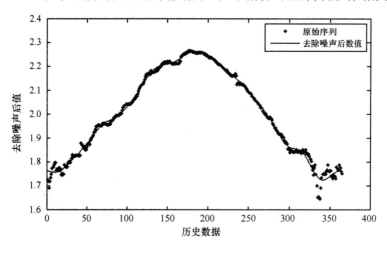

图 6 − 4　去除噪声对比

6.3.3　检验样本数据平稳性并差分

针对以上去除噪声后的数据进行 ADF 检验，并确定差分阶数，经过检验可以得出二阶差分以后数据稳定，通过 Matlab 中 ADFTEST 函数检验：

```
% y 为输入数据
for i = 1：5
DX = diff（y，i）;% 进行差分
h = adftest（DX，'model'，'TS'，'lags'，0：2）
if h = = 1
break；
end；
end；
```

1）二阶差分后图

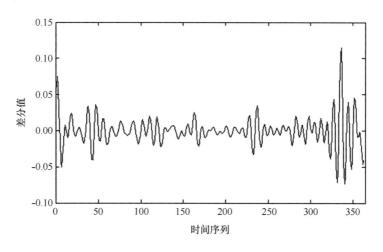

图 6 - 5　二阶差分样本数据

2）差分后自相关和偏相关图

对二阶差分后的数据进行自相关和偏相关分析以确定数据的稳定性代码为：

```
% y 为输入数据
subplot（2，1，1）;
autocorr（y）;
subplot（2，1，2）;
parcorr（y）;
```

由图 6 - 6 可知，二阶差分后的样本数据仍有周期性和自相关性，因此继续进行 ARIMA 模型拟合。

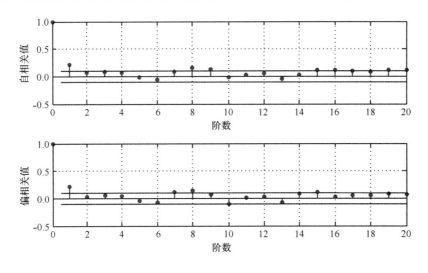

图 6-6 相关性对比

6.4 模型阶数的确定

6.4.1 模型种类的确定

ARIMA 模型可以分为 AR 模型、MA 模型、ARIMA 模型。通过自相关和偏相关图可知,自相关和偏相关均拖尾,据此确定模型为 ARIMA 模型。

6.4.2 模型阶数的确定

结合自相关和偏相关图,通过计算 Matlab 中 AIC 函数的值,根据其最小值确定 p,q 的值。

代码如下:

```
% 得出 AIC 最小的阶数
z = iddata (DX′);
test = [];
for p = 2:20 % 自回归对应 PACF,给定滞后长度上限 p 和 q,一般取为 T/10、
ln (T) 或 T^(1/2),这里取 T/10 = 12
    for q = 2:20
        m = armax (z, [p q]);
```

```
AIC = aic（m）；
test = [test；p q AIC]；
end；
end；
%反复取范围；
for k = 1：size（test，1）；
if test（k，3）== min（test（：，3））
p_ test = test（k，1）；
q_ test = test（k，2）；
break；
end；
end；
```

最终确定当 p = 17，q = 17 时 AIC 值最小

因此最终可以得出模型为

ARIMA（17，2，17）

6.5　模型参数检验

6.5.1　拟合数据残差检验

```
e = resid（m，w（1：end − L））；
figure（6）；
plot（e）；
title（'拟合数据残差'）；
```

根据图 6 − 8 所示，残差相关性值的 25 阶次内相关性值均在 2 倍标准差以内，模型符合要求。

6.5.2　指标检验

1）T 检验（显著性）

[H，P，CI，STATS] = ttest2（DX，w（end − L），0.05）

结果为 P = 0.03 < 0.05；检验通过

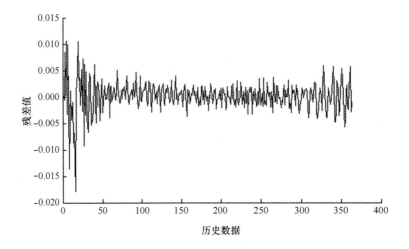

图 6 - 7　拟合数据残差结果

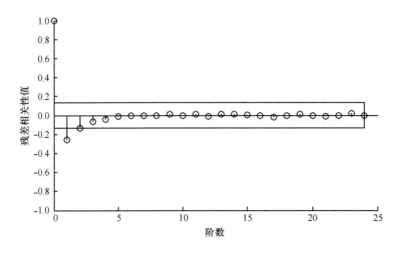

图 6 - 8　残差相关性

2）LB 检验（白噪声）

［h，P，St，CV］＝lbqtest（w，Lags′，［6，12，18］）

结果在 3 个水平上 h＝0，检验通过，模型显著有效，拟合良好，且信息提取完全。

由以上检验可以看出，拟合数据和原数据拟合效果良好，模型残差相关性较低，符合建模要求，模型拟合 T（显著性）检验通过，LB 检验（白噪声）检验通过，因此，可以得出模型参数检验通过，即模型预测结果具有统计学意义。

6.6　模型预测检验

6.6.1　确定检验数据

取 2014 年 8 月 29 日至 2014 年 9 月 28 日的溶解氧数据共 30 个数据作为检验数据。

6.6.2　模型预测结果

对已建立好的模型进行实际预测结果检验，取预测长度为 30 d，经过 Matlab 工具箱运算，得出预测结果如图 6 - 9 所示。

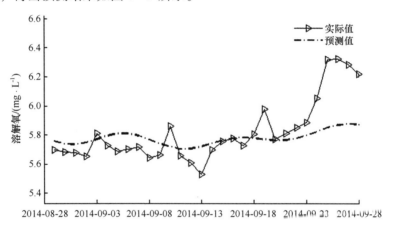

图 6 - 9　模型预测结果展示

图 6 - 9 为预测数据和检验数据的对比图。由图 6 - 9 可知，预测数据和检验数据之间的趋势基本一致，但随着预测时间的增加，趋势变化越来越不明显。这说明随着预测时间的增加，ARIMA 模型预测精度降低，但在短期内预测精度较高。

6.6.3　预测结果相对误差分析

为了更明显地看出模型的预测精度，计算预测值和检验数据间的相对误差，结果如图 6 - 10 所示。

根据图 6 - 10 检验结果相对误差图可以看出：当预测长度为 10 d 时，预测精度较高，相对误差较小，随着预测时间的增加，相对误差逐渐增大；预测时间为 25 d

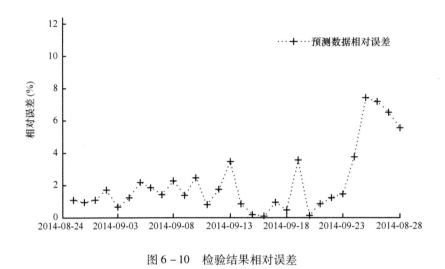

图 6 – 10　检验结果相对误差

以上时，误差较大。由此可以得出，ARIMA 模型对于短期预测有较高的准确性，误差较小，随着预测时间的增加误差增大。

第7章 灰色GM（1，1）模型预测

灰色模型（Grey Models）就是通过少量的、不完全的信息，建立灰色微分预测模型，对事物发展规律做出模糊性的长期描述。是模糊预测领域中理论、方法较为完善的预测学分支。

灰色模型是从灰色系统中抽象出来的模型。灰色系统是既含有已知信息，又含有未知信息或非确知信息的系统，这样的系统普遍存在。研究灰色系统的重要内容之一，就是如何从一个不甚明确的、整体信息不足的系统中抽象并建立起一个模型，该模型能使灰色系统的因素由不明确到明确，由知之甚少发展到知之较多，并为其提供研究基础。灰色系统理论是控制论的观点和方法延伸到社会、经济领域的产物，也是自动控制科学与运筹学数学方法相结合的结果。

如果一个系统具有层次、结构关系的模糊性、动态变化的随机性、指标数据的不完备或不确定性，则称该系统具有灰色性。具有灰色性的系统称为灰色系统。在灰色系统理论中，利用较少的或不确切的表示灰色系统行为特征的原始数据序列，进行叠加和转换，并用新生成的序列来描述灰色系统内部事物连续变化过程的模型，称为灰色模型，简称 GM 模型。其基本思想是用原始数据组成原始序列（0），经累加生成法生成序列（1），它可以弱化原始数据的随机性，使其呈现出较为明显的特征规律。对生成变换后的序列（1）建立微分方程型的模型即 GM 模型。GM（1，1）模型表示 1 阶的、1 个变量的微分方程模型。GM（1，1）模型群中，新陈代谢模型是最理想的模型。这是因为，任何一个灰色系统在发展过程中，随着时间的推移，将会不断地有一些随机扰动和驱动因素进入系统，使系统的发展相继地受其影响。用 GM（1，1）模型进行预测，精度较高的仅仅是原点数据（0）（n）以后的 1 到 2 个数据，即预测时刻越远预测的意义越弱。而新陈代谢 GM（1，1）模型的基本思想为，越接近的数据，对未来的影响越大。也就是说，在不断补充新信息的同时，去掉意义不大的旧信息，这样的建模序列更能动态地反映系统最新的特征，这实际上是一种动态预测模型。

灰色系统理论（Grey Model Theory）是中国学者邓聚龙在 20 世纪 80 年代初提出的，是一种研究少数据、贫信息、不确定性问题的新方法。灰色系统理论以"部分信息已知，部分信息未知"的"小样本"，"贫信息"不确定性系统为研究对象，主要通过对"部分"已知信息的生成、开发，提取有价值的信息，实现对系统运行行为、演化规律的正确描述和有效监控。水环境系统的众多影响因素中既有已知参数，又有许多未知、不确定参数，从这一点上可以将水环境系统看作一个灰色系统；同时由于监测资料的限制，许多水体的水质信息并不完整，因此将水环境看作灰色系统是比较合理的。

7.1 灰色预测模型建模的一般机理和过程

灰色系统预测模型的基本思想是把已知的现在和过去的、无明显规律的原始数据（原始数列）进行加工，得到有规律的时间序列（生成数列），然后用微分方程对生成数列进行描述，得到 n 变量 h 阶的灰色系统动态模型 GM（n，h），若模型拟合精度满足外推预测要求，则可成为灰色预测模型进行外推预测。

水质预测方面，使用较多的是单变量一阶灰色模型 GM（1，1），该模型适用于原始数据呈指数规律变化的情况，对于原始数据不呈指数规律的情况，预测偏差可能较大。本章中以 GM（1，1）模型的建立和预测为主，并对溶解氧预测的效果进行探讨。

GM（1，1）模型反映了变量对时间的一阶微分函数，对应的微分方程为：

$$\frac{\mathrm{d}x_1}{\mathrm{d}t} + ax_1 = u \qquad\qquad (7-1)$$

式中，x_1 为经过一次累加生成的数列；t 为时间；a，u 为待估参数，分别称为发展灰数和内生控制灰数。

GM（1，1）模型建模的基本过程为：

设原始序列为 $x_0 = \{x_0(1), x_0(2), \cdots, x_0(n)\}$

（1）对原始序列进行累加，得到生成数列 x_1，它满足微分方程 $\frac{\mathrm{d}x_1}{\mathrm{d}t} + ax_1 = u$，累加公式为：

$$x_1(i) = \sum_{j=1}^{i} x_0(j) \quad i = 1, 2, \cdots, n$$

（2）检验生成数列 x_1 是否具有指数规律：

$$\sigma_1(k) = \frac{x_1(k)}{x_1(k-1)} \qquad\qquad (7-2)$$

若，$\sigma_1(k) < 0.5$，则称生成序列具有指数规律；若不满足该条件，则对原数列作多次累加；若多次累加后仍不符合指数规律，则灰色模型不适合对该数列进行

建模。

（3）基于最小二乘原理，求取发展灰数 a 和内生控制灰数 u：

$$\begin{bmatrix} a \\ u \end{bmatrix} = (\boldsymbol{B}^{\mathrm{T}}\boldsymbol{B})^{-1}\boldsymbol{B}^{\mathrm{T}}y_n \tag{7-3}$$

$$\boldsymbol{B} = \begin{bmatrix} -\dfrac{1}{2}[x_1(1)+x_1(2)],1 \\ -\dfrac{1}{2}[x_1(2)+x_1(3)],1 \\ \vdots \\ -\dfrac{1}{2}[x_1(n-1)+x_1(n)],1 \end{bmatrix} \tag{7-4}$$

$$y_n = [x_0(2),x_0(3),\cdots,x_0(n)]$$

（4）由率定的参数 a，u 解微分方程得到数列 x_1 的模拟数列 $\hat{x}_1$：

$$\hat{x}_1(i+1) = (x_0(1)-\frac{u}{a})\mathrm{e}^{-ai}+\frac{u}{a} \tag{7-5}$$

（5）还原数列得数列 x_0 的模拟数列 $\hat{x}_0$

$$\hat{x}_0(i+1) = \hat{x}_1(i+1) - \hat{x}_1(i) \tag{7-6}$$

7.2　GM（1，1）模型预测实例

7.2.1　历史数据

本章中预测实例所使用的历史数据为舟山岙山海域浮标监测数据中溶解氧的数据，其历史数据时间长度如下：

2013 年 8 月 20 日至 2013 年 12 月 20 日为原始序列。

2013 年 12 月 20 日至 2014 年 1 月 20 日为检验数据。

7.2.2　预测结果展示

（1）2013 年 12 月 20 日至 2014 年 1 月 20 日的预测值如图 7-1 所示。

（2）2013 年 12 月 20 日至 2014 年 1 月 20 日的预测值与检验数据对比如图 7-2 所示。

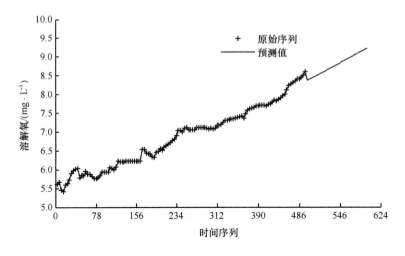

图 7-1 GM（1，1）模型预测结果

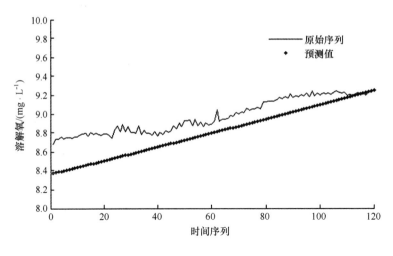

图 7-2 GM（1，1）模型预测结果对比

（3）预测值与真实值相对误差如图 7-3 所示。

7.2.3 模型评价

通过对模型预测结果与实际值的相对误差计算可以有效地分析模型的预测效果，由图 7-1 可知模型预测结果与原始序列衔接处稳定，即预测数据相当于原始序列的延伸，说明模型预测结果能够准确地体现出原始序列的发展趋势，由图 7-2 和图 7-3 则可知，GM（1，1）模型的预测结果和实际值间的相对误差较低，120 个预测

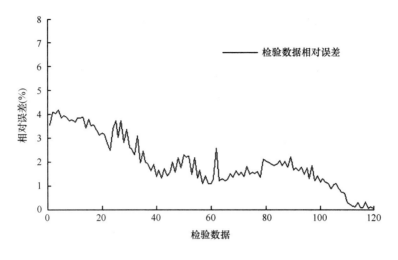

图 7 - 3   相对误差

数据中最大误差为 4.3%，平均相对误差为 2% 左右，符合水质预测相对误差 30% 的要求，即灰色 GM（1，1）模型不仅可以预测出水质变化趋势，而且预测结果相对误差较小，模型具有使用价值，可以辅助 BP 或 ELMAN 神经网络进行水质预测，为海水水质数值预测和污染治理提供参考。

第8章 组合模型预测

任何一种模型都是直接或间接地依据历史数据来建模，并不能反映出一个复杂的系统内部与外部条件的各种变化，而不同的预测模型具有不同的优势和缺陷以及对历史数据的利用程度和解释结果不同，因此任何一种模型的预测结果都不可能完全精确，而只有充分发挥不同模型的优势，并对其进行合理的优化和组合才能有效提高预测精度，因此本章将以溶解氧为例讨论组合模型的建立和实际预测效果。

8.1 组合模型概述

8.1.1 组合模型简介

自 1969 年 Bate 和 Grangerlv 发表了组合预测的开创性文献以来，组合预测一直备受关注。所谓组合预测（combination forecast），就是将不同预测方法进行适当的组合，综合利用各种方法所提供的信息，从而尽可能地提高预测精度。组合预测的基本含义是把两个或两个以上的预测模型采用加权融合的方式组合成为一个模型，关键是确定各个组合系数或加权系数，基本思想是充分利用每一种预测方法所包含的独立信息。

组合预测研究基本上是沿着两条线索展开的：一是组合预测权重的确定；二是组合预测效果的检验。第一条线索是从理论上建立组合预测的方法体系，第二条线索是从实证角度验证组合预测优于单一预测，对于这一命题，Bate 和 Grangerlv 提出的组合预测的基本思想就是充分利用每一种预测方法中所包含的独立信息。某种预测方法中所包含的独立信息主要来自两个方面：①该预测所依据的变量和信息是其他方法所未考虑到的；②该方法对变量之间的关系做出了不同于其他方法的假设。

权重的确定是组合预测的核心内容，目前的研究中组合预测权重的确定方法主要包括等权重法（Equal Weight Method）、最小方差法（Minimum Variance Method）、优势矩阵法（Odds – Matrix Method）以及线性回归法（Regression Method）等。

8.1.2　组合模型建立的基本过程

组合模型预测包括 3 个层次的含义，即：

（1）有效整合信息以提高预测效果的信息组合；

（2）机理性预测与非机理性预测相互融合的预测方法的组合；

（3）分散单个预测不确定性和减少总体不确定性的预测结果的组合。

首先，提高预测精确性应从收集和整理信息开始，不同预测者对信息的收集和占有能力不同，而不同预测模型对于信息的要求不同，因此在对目标进行预测之前，首要任务是收集尽量完备的信息。

其次，对预测而言，信息完备性是必需的，然而信息的不对称性和不可获取性是客观存在的，提高预测精确性的第二方面应关注预测模型的改进，水质预测模型可以分为关注水质变化机理的机理性水质模型和相对较少考虑水质变化机理的非机理性水质模型，机理性模型受限于水质数据获取的困难性而难以大范围推广应用，非机理性模型则秉承"数据驱动建模"理念，缺乏理论指导，因此应当关注不同建模机理的不同模型间的组合。

另外，即使是设定了一个建立在组合信息集基础上、使用了多种预测技术的预测模型，它们仍然是对水质变化过程的高度抽象，没有哪一种模型能够完全包容其他模型，因此将各单一预测看作不同的信息片段，通过信息的集成分散单个预测模型特有的不确定性和减少总体的不确定性，从而提高预测的精度，即进行预测结果的组合。组合预测可以描述为：

设一个问题可以采用 n 种预测模型 f_1，f_2，$\cdots$，f_n 进行预测，那么组合预测模型输出为：

$$f = \sum_{i=1}^{n} w f_i \qquad (8-1)$$

式中，w_i 为模型 $f_i(i = 1, 2, \cdots, n)$ 所对应的权重，满足条件：

$$\sum_{i=1}^{n} w_i = 1 \qquad (8-2)$$

8.2　子模型的选取

在组合模型的预测中，子模型的选择是提高模型预测精度的重要因素，根据 Bate 和 Grangerlv 的理论，对于非机理性的组合模型预测，并非子模型数目越多，组合预测结果越准确，而是根据每个子模型所能包含并体现出的独有信息进行选择，尽可能地使各个子模型之间的信息可以互补，使得组合预测模型能够最大限度地包含和解释初始历史数据中的信息。只有尽量保证各子模型之间的信息互补才能更好地提高预测精度。在本章中，可以用来做子模型的模型有：Elman 神经网络模型、BP 神经网络模型、GM（1，1）灰色模型和 ARIMA 模型。

其中，BP 神经网络模型的预测结果只与相关变量的对应关系有关，而与水质本身的趋势性无关，因此 BP 神经网络模型往往需要通过大量的历史数据进行反复训练来提取其中的变量相关性，以找到相对合理的映射关系，所以 BP 神经网络模型可以充分体现出预测结果的细节变化。但其优点和缺点是并存的，当进行预测的历史数据中有极值或错误信息时，这些信息也会在预测结果中体现出来，即在预测阶段，BP 神经网络可以充分解释正常数据所包含的信息，但对错误信息的抗干扰能力较弱，使得错误信息同样会反映在预测结果中。

灰色 GM（1，1）模型可以充分体现历史数据的短期趋势变化，而且对错误信息的抵抗能力较强，但由于是单一变量的预测，所以只能预测出数据的总体变化趋势，而无法预测出细节变化规律。

Elman 神经网络模型是所有模型中最全面、预测精度较高的模型，既可以像 BP 神经网络一样，通过大量历史数据反复训练使得其预测结果可以较好地体现细节变化，又可以像灰色 GM（1，1）模型一样，对数据的趋势性进行体现，因此，在水质预测中，Elman 神经网络模型的预测效果更好，但同时 Elman 神经网络模型也继承了 BP 神经网络模型的缺点，即当预测输入数据中有错误信息时将对趋势预测有较大的干扰。

ARIMA 模型可以对数据的趋势性和细节都进行合理的体现，但由于其对数据的质量要求较高，不适合进行实时预测。

根据以上信息，在溶解氧的预测过程中子模型分别选择 BP 神经网络和灰色 GM（1，1）模型，原因是 BP 神经网络可以根据不同变量间的相关性关系，通过大量训练历史数据，充分地体现出预测结果的细节变化，而灰色 GM（1，1）模型可以较准确地体现近期的变化趋势。因此，这两种模型进行组合可以最大化地进行信息互补，使得组合后的模型既能够体现出趋势变化，又能够反映出细节变化，同时有较强的错误信息的抗干扰能力，使得模型预测的精确度提高。

8.3　确定组合模型权重

本次研究采用的是最优组合预测方法，即根据"预测时期内组合预测误差最小"的原则，求各个单项预测方法的权重系数，且各个单项预测方法的权重系数在各个预测时段是固定的，即固定权重的预测方法。

设有 m 种方法进行组合预测，各种预测方法的权重系数分别为 $k_1, k_2, \cdots, k_{m-1}, k_m$

满足 $k_1 + k_2 + \cdots + k_m = 1$，令 e_{i1} 为第 i 种方法在第 t 时段的误差（n 个时段），其组合预测时段的误差为：

$$e_1 = k_1 e_{11} + k_2 e_{21} + \cdots + k_{m-1} e_{(m-1)1} + k_m e_{m1}$$

$$= k_1 e_{11} + k_2 e_{21} + \cdots + k_{m-1} e_{(m-1)1} + (1 - k_1 - k_2 - k_{m-1}) e_{m1}$$

$$= k_1 (e_{11} - e_{m1}) + k_2 (e_{21} - e_{m1}) + \cdots + k_{m-1} (e_{(m-1)1} - e_{m1}) + e_{m1}$$

令 $f_{i1} = e_{i1} - e_{m1} (i = 1, 2, \cdots, m - 1)$；$f_{m1} = e_{m1}$

那么误差表达式为：

$$e_1 = k_1 f_{11} + k_2 f_{21} + \cdots + k_{m-1} f_{(m-1)1} + k_m f_{m1} \tag{8-3}$$

最优的标准定义为误差平方和最小，即求 $k_1, k_2, \cdots, k_{m-1}, k_m$

使 $Q = \sum_{i=1}^{n} e_{21} = \sum_{i=1}^{n} (k_1 f_{11} + k_2 f_{21} + \cdots + k_{m-1} f_{(m-1)1} + k_m f_{m1})^2$ 最小。

假设 m 种方法线性无关，通过多元函数求极值的方法可以得出方程有唯一的解，即：

$$Q = \sum_{i=1}^{n} e_1^2 = \sum_{i=1}^{n} (k_1 f_{11} + k_2 f_{21} + \cdots + k_{m-1} f_{(m-1)1} + f_{m1})^2 \tag{8-4}$$

当 $m = 2$ 时，即两种预测子模型的最优组合系数为：

$$K_1 = -\frac{\sum f_{11} f_{21}}{\sum f_{11}^2} = -\frac{\sum (e_{11} - e_{21}) e_{21}}{\sum (e_{11} - e_{21})^2} = \frac{\sum e_{21}^2 - \sum e_{11} e_{21}}{\sum e_{11}^2 + \sum e_{21}^2 - 2 \sum e_{11} e_{21}} \tag{8-5}$$

$$K_2 = 1 - K_1 = \frac{\sum e_{11}^2 - \sum e_{11} e_{21}}{\sum e_{11}^2 + \sum e_{21}^2 - \sum e_{11} e_{21}} \tag{8-6}$$

8.4　组合模型建立

本章中组合模型建模所使用的历史数据为舟山岙山海域浮标监测数据中溶解氧、

水温和叶绿素的数据，具体时间长度如下：

历史数据：2013 年 12 月 6 日至 2014 年 4 月 14 日。

其中：2013 年 12 月 6 日至 2014 年 4 月 4 日为神经网络建模数据；

2014 年 3 月 20 日至 2014 年 4 月 4 日为灰色 GM（1，1）模型建模数据；

2014 年 4 月 4 日至 2014 年 4 月 10 日的 30 个数据为模型检验数据。

根据以上日期进行建模，并对检验数据进行预测，分别得出相对误差如下：

子模型 BP 神经网络模型检验数据相对误差 e_1 如图 8-1 所示。

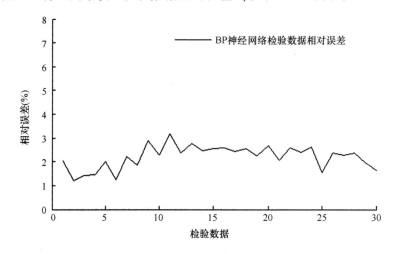

图 8-1　BP 神经网络检验结果相对误差

子模型灰色 GM（1，1）模型检验数据相对误差 e_2 如图 8-2 所示。

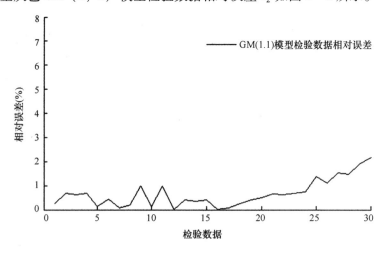

图 8-2　灰色模型检验相对误差

根据式（8-5）和式（8-6），代入 e_1，e_1 可以得出组合模型的权重：

BP 神经网络模型权重　　$K_1 = 0.076\ 3$

灰色 GM（1，1）模型权重　　$K_2 = 0.923\ 7$

可以得出组合模型 $Y = 0.076\ 3 \times e_1 + 0.923\ 7 \times e_2$

8.5　组合模型检验

2014 年 4 月 10 日至 2014 年 4 月 14 日的 10 个数据为模型检验数据，分别通过 BP 神经网络模型、灰色 GM（1，1）模型、组合模型对 2014 年 4 月 10 日至 2014 年 4 月 14 日的 10 个数据进行预测，并计算相对误差，验证组合模型的优越性。

（1）BP 神经网络模型检验数据相对误差如图 8-3 所示。

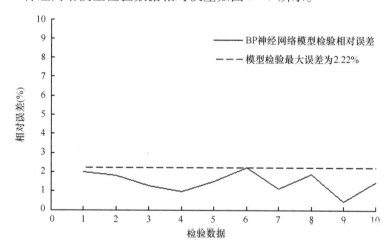

图 8-3　BP 神经网络模型检验结果

（2）灰色 GM（1，1）模型检验数据相对误差如图 8-4 所示。

（3）组合模型检验数据相对误差如图 8-5 所示。

（4）组合模型预测结果如图 8-6 所示。

根据图 8-4、图 8-5 和图 8-6 中不同模型的最大误差值可以看出，组合模型的预测精度大于 BP 神经网络模型和灰色 GM（1，1）模型的预测结果，符合水质预测要求，即经过合理的子模型组合可以实现不同模型间的优势互补，有效提高预测精度。

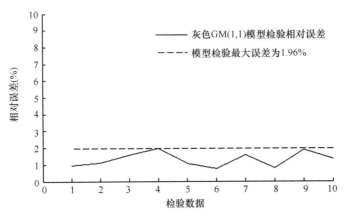

图 8-4 灰色模型检验结果

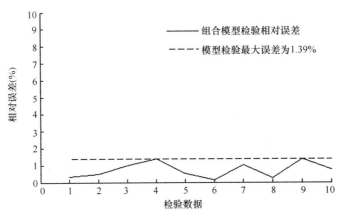

图 8-5 组合模型检验结果

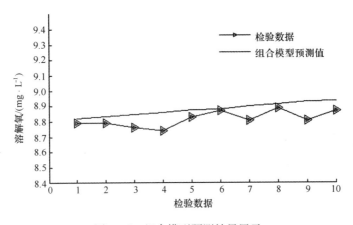

图 8-6 组合模型预测结果展示

第9章　基于组合模型水质预测方法的水质预警系统软件实现

组合模型在水质预测中有较高的精确度，本研究为了更清晰地了解组合模型的预测效果，通过 Matlab 编写了一个数据处理和预测软件。该软件主要用于科学研究，不做商业用途。本章将描述该软件所能实现的功能及预测技术，以便读者更方便地了解组合模型原理，并对其软件的实现提供参考。

9.1　软件背景

本软件是基于国家海洋局海洋公益性行业科研专项"浙江近岸海域海洋生态环境动态评价与预警技术研究"而开发，并为该项目的完成提供有力的理论支撑。

9.2　软件概述

9.2.1　功能

软件的主要功能是实现对人数据的预处理（包括按列筛选和形成时间序列），并根据预处理后的数据建立预测模型对其进行预测，得出预测结果并进行保存。为用户进行数据处理和数据预测提供一个有力的分析工具。

9.2.2　技术简介

1）时间序列简介

时间序列（或称动态数列）是指将同一统计指标的数值按其发生的时间先后顺序排列而成的数列。时间序列分析的主要目的是根据已有的历史数据对未来进行预测。

本软件采用插值法形成时间序列，首先读取历史数据中日期列的开始日期和结尾日期，再根据用户输入的时间序列间隔形成时间序列的日期列，最后根据时间序列的日期列分别从原历史数据中抽取对应的数据，最终形成时间序列数据。其中，若时间序列中有日期点在原历史数据中没有找到对应的项，则取原历史数据中距离该日期最近的日期点的数据，将时间序列该点的缺少值补充完整。

2）预测模型简介

本软件中采用的预测模型为 BP 神经网络模型和灰色模型 GM（1，1）模型形成的组合模型。

（1）BP 神经网络模型简介

BP 人工神经网络是 Rulnelhart 和 McCelland 于 1986 年提出的，是一种含有隐含层的多层前馈网络，对于一个 3 层（输入层、隐含层、输出层）的 BP 网络，只要其隐含的神经元数足够，就可以任意精度逼近任何连续函数，实现 Rn 上 $[0,1]^n$ 到 Rm 的映射能力，具有自学习、自组织和自适应能力。

（2）灰色 GM（1，1）模型简介

灰色预测，是指对系统行为特征值的发展变化进行的预测，对既含有已知信息又含有不确定信息的系统进行的预测，也就是对在一定范围内变化的、与时间序列有关的灰过程进行预测。尽管灰过程中所显示的现象是随机的、杂乱无章的，但毕竟是有序的、有界的，因此得到的数据集合具有潜在的规律。灰色预测是利用这种规律建立灰色模型对灰色系统进行预测。本软件所使用的 GM（1，1）模型是目前灰色预测模型中使用最广泛的模型。

（3）组合模型简介

本软件先分别根据历史数据建立子模型 BP 神经网络和子模型 GM（1，1），并分别对历史数据中最近的第 10 到 20 个点的数据进行预测，然后根据预测结果和真实值的相对误差参考文献"灰色 GM（1，1）和神经网络组合的能源预测模型"中的取权值的方法确定权值参数并最终形成组合模型。

（4）模型预测

本软件中，当 BP 神经网络模型和灰色 GM（1，1）模型以及组合模型都建立后，分别通过 BP 神经网络模型和组合模型对历史数据中最近的第 1 至 10 个数据进行预测，并通过预测结果和真实值的相对误差平方和进行比较，对模型进行检验，取其中检验结果较好的模型作为最终的预测模型，进行未来 30 个数据的预测①。

---

① 本软件所采用的建模方法中，组合模型由 BP 神经网络模型和灰色 GM（1，1）模型共同形成，理论上预测精度应该更高，但当数据本身趋势变化不明显或幅度变化较大时，BP 神经网络的检验结果可能会更高，因此最终的预测模型会根据两种模型的检验精度来决定。

9.2.3 运行环境

操作系统：Windows 2000/XP/Vista/Win7/Windows 2003/Windows 2008，所列操作系统中 32 位或 64 位均支持。

本软件由 Matlab2012b 开发，使用者需安装运行环境即 2012b 版本的 "MATLAB Compiler Runtime（MCR）"。

9.2.4 软件性能

本软件中，当历史数据量较大或模型建立过程中训练时间过长时，计算机的负荷会加大，软件计算时间会增加。在本软件中会默认部分参数，这些参数会保证模型预测精度较高，以方便软件使用，但使用者可以根据数据实际情况自行定义界面参数。

9.3 使用说明

9.3.1 安装说明

（1）软件使用前先安装运行环境 "MATLAB Compiler Runtime（MCR）"。

（2）将 "开始.exe"，"主程序.exe" 放到一个单独文件夹中，并在该文件夹中建立 "rawdata" 文件夹用来存放原始数据（历史数据）。

9.3.2 输入说明

1）数据格式①

文件夹 "rawdata" 中存放历史数据，格式为 Excel 数据，其中：

第一列为日期，其格式为："yyyy/m/d h：mm"。

第二列为目标变量，即需要预测的数据。

---

① （i）在存放历史数据的 excel 表格中数据为 $m \times n$，即每一列的数据量必须相同，并且除了第一行的表头外不可以在数据表中存在其他格式的内容，包括空白、字母、汉字、图片、字符等。

（ii）训练变量必须大于等于 1。

（iii）若历史数据中没有日期列，则无法使用形成时间序列的功能。

（iv）若进行数据预测，则处理后的数据长度必须大于等于 160，若小于则无法进行数据预测。

第三列以后为训练变量，即与目标变量有相关性的变量数据。

2）示例数据

示例数据如图9－1所示，第一列为日期列，第二列溶解氧为目标变量，即准备预测的数据，第三列温度和第四列盐度为训练变量，是建模过程中必要的辅助数据。其中温度和盐度对溶解氧有一定的相关性，可以通过一定的数学方法进行分析得出。

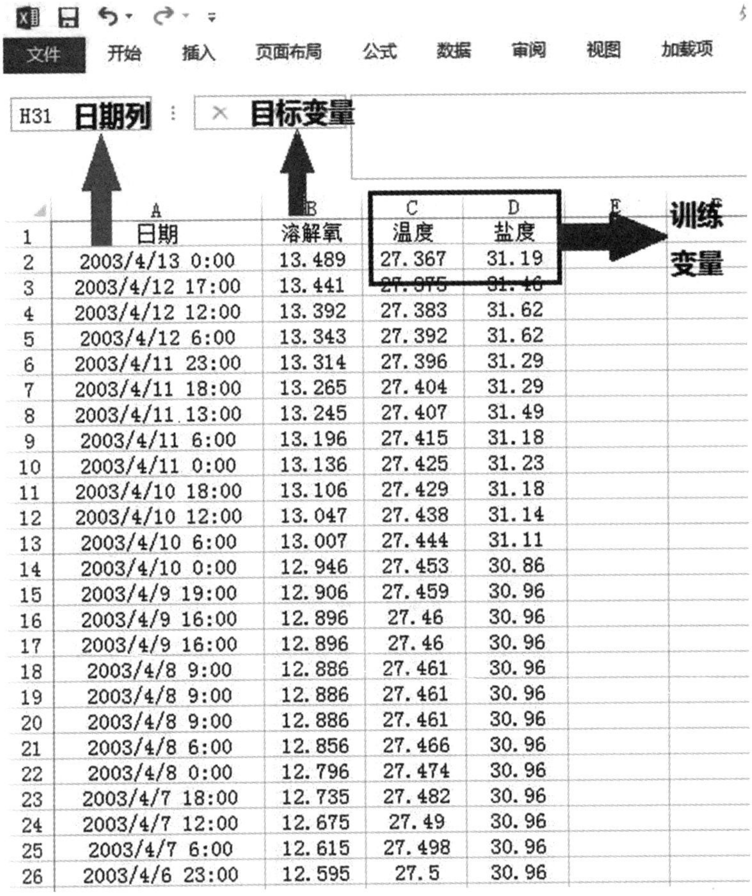

	A	B	C	D
1	日期	溶解氧	温度	盐度
2	2003/4/13 0:00	13.489	27.367	31.19
3	2003/4/12 17:00	13.441	27.375	31.46
4	2003/4/12 12:00	13.392	27.383	31.62
5	2003/4/12 6:00	13.343	27.392	31.62
6	2003/4/11 23:00	13.314	27.396	31.29
7	2003/4/11 18:00	13.265	27.404	31.29
8	2003/4/11 13:00	13.245	27.407	31.49
9	2003/4/11 6:00	13.196	27.415	31.18
10	2003/4/11 0:00	13.136	27.425	31.23
11	2003/4/10 18:00	13.106	27.429	31.18
12	2003/4/10 12:00	13.047	27.438	31.14
13	2003/4/10 6:00	13.007	27.444	31.11
14	2003/4/10 0:00	12.946	27.453	30.86
15	2003/4/9 19:00	12.906	27.459	30.96
16	2003/4/9 16:00	12.896	27.46	30.96
17	2003/4/9 16:00	12.896	27.46	30.96
18	2003/4/8 9:00	12.886	27.461	30.96
19	2003/4/8 9:00	12.886	27.461	30.96
20	2003/4/8 9:00	12.886	27.461	30.96
21	2003/4/8 6:00	12.856	27.466	30.96
22	2003/4/8 0:00	12.796	27.474	30.96
23	2003/4/7 18:00	12.735	27.482	30.96
24	2003/4/7 12:00	12.675	27.49	30.96
25	2003/4/7 6:00	12.615	27.498	30.96
26	2003/4/6 23:00	12.595	27.5	30.96

图9－1　示例数据

9.3.3　软件操作

1）选择数据

点击“选择数据”选择提前放置在“rawdata”文件夹中的数据，如图9－2所示。

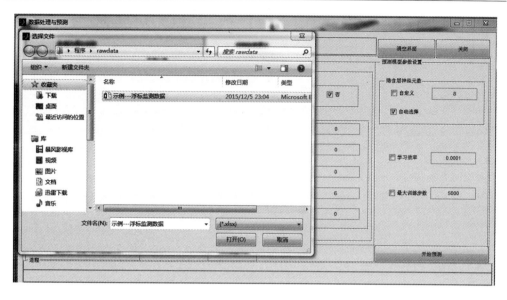

图 9-2　选择数据界面

若导入数据成功，则如图 9-3 所示，数据格式有误，会有错误提示。

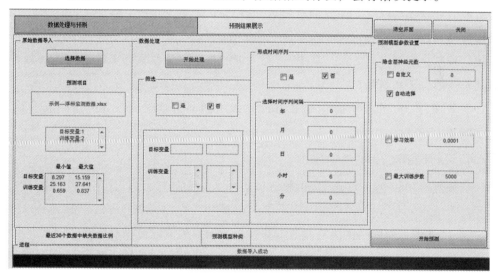

图 9-3　导入数据成功

2）数据处理

根据界面左侧的最大值和最小值显示数据输入筛选范围，并根据实际需求输入时间序列间隔，最后点击"开始处理"。处理成功以后，处理的数据会自动保存在当前目录下的"data"文件夹中,界面如图 9-4 所示①。

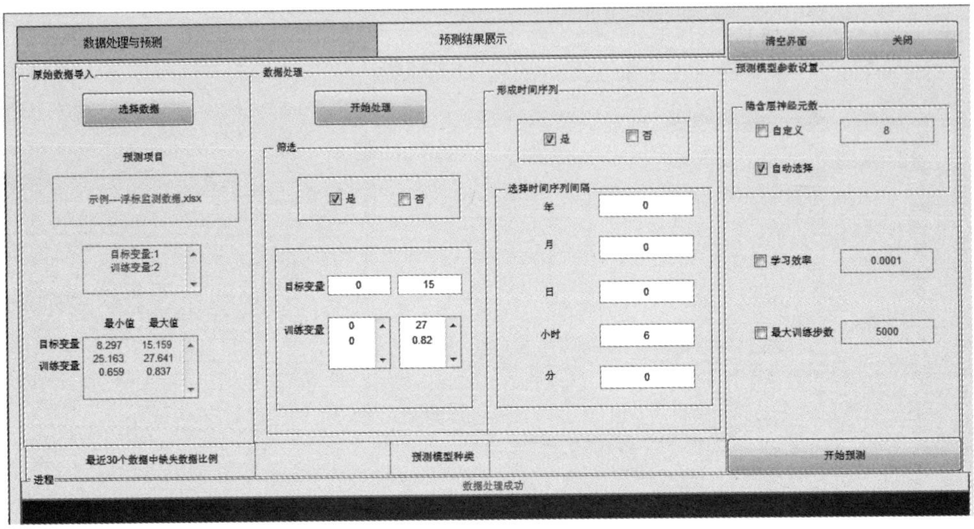

图 9-4　数据处理

3）数据预测

数据处理成功以后,在界面右侧选择建立预测模型所需要的参数,其中,"隐含层神经元数"可以自定义或由软件自动选择,"最大训练步数""学习效率"是决定模型预测精度的重要参数,其中,"最大训练步数"建议大于 1 000,"学习效率"建议小于或等于0.000 1。

参数确定后点击"开始预测",在此阶段可能会持续时间较长,预测成功后界面如图 9-5 所示。

4）结果展示

当预测成功以后,点击"预测结果展示",可以打开如下界面,如图 9-6所示。

图 9-6 中,左侧两图为检验数据和检验数据预测值以及相对误差,用来展示模型的预测精度。其中,最大误差小于 30% 可以视为预测模型"精度较高",超过50% 则预测可信度低,建议重新处理数据或预测。右侧为模型预测结果,右侧文本框中显示预测模型的种类,其结果可以为 BP 神经网络模型或灰色 GM（1，1）模型②。

---

① "data"文件夹用来存放数据处理后的数据和预测数据以及模型检验结果图,方便使用者查看或调用。

② 本软件中预测长度为30,即在处理后的数据中向后延长 30 个数据。当原始数据中有日期列并进行时间序列处理后,预测结果图中会显示预测日期,否则以数字显示。

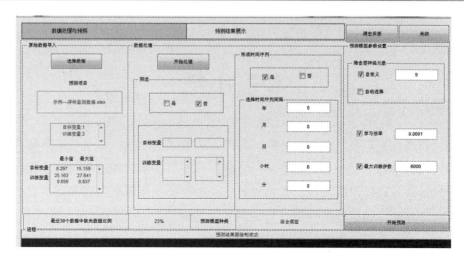

图 9-5　模型预测

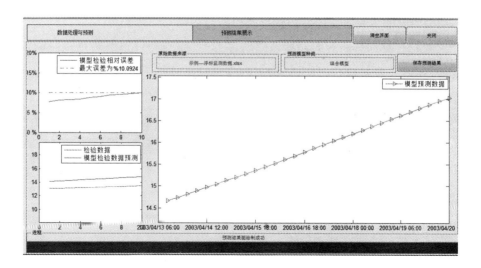

图 9-6　预测结果展示界面

5）结果保存

当预测结果达到要求后，点击"保存预测结果"，会将模型检验结果图和模型检验相对误差图以及预测数据保存在当前目录下的"data"文件夹里，以便使用者查看或调用。

6）启动或恢复过程

软件启动时点击当前目录下的"开始.exe"，启动过程会持续3~5 min。

在运行过程中出现错误时，可点击"清空界面"尝试恢复软件。

本篇小结

本篇以浙江近岸海域水质监测数据为例，从数据预处理、水质基本指标评价和多要素水质分析等方面介绍了对浮标在线监测数据的基本处理过程与方法。在介绍目前常用的非机理性水质预测模型的基础上，选取了几个典型预测模型对其具体建模过程和程序化途径进行了展示。针对各单个预测模型的不同应用特征及优缺点，介绍了模型的组合优化方法，主要得出如下结论。

（1）鉴于目前海洋浮标在线监测技术的局限，需要对在线监测所得数据进行一定的预处理才能用于后续模型构建。因此，应注意通过改进在线监测技术和提高标准化处理程序来促进实时在线监测数据和后续预测模型构建的衔接。

（2）用经预处理后的数据对神经网络模型 Elman 模型和 BP 模型、时间序列模型 ARIMA 模型及灰色 GM（1，1）模型的建立过程进行了详细分析。结果表明，与 BP 神经网络相比，Elman 神经网络的预测有较高的准确性，相对误差低于 2.5%；ARIMA 模型对短期预测有较高的准确性，相对误差可以控制在 10% 以内，随着预测时间的增加，相对误差逐渐增大；灰色 GM（1，1）模型的准确性介于 Elman 神经网络和 ARIMA 模型之间，预测误差在 6% 以内。

（3）将灰色系统理论模型与神经网络相结合，建立的灰色神经网络优化组合模型显示，优化组合模型能够充分利用灰色预测建模所需信息少、方法简单的优点和神经网络具有较强的非线性映射能力和良好的容错性、自组织和自适应等特性的优点，对溶解氧的预测结果精度更为精确，相对误差小于单独使用某一模型，可以作为水质预测的有效工具。

（4）鉴于组合模型在水质预测中有较高的精确度，本书通过 Matlab 编写了一个基于组合模型算法的数据处理和预测软件，详细描述了该软件所能实现的功能、预测技术、运行环境和软件性能，并给出了一套简明易懂的软件安装、输入和软件操作的使用说明。

第2篇 海洋溢油模型及风险评价方法

随着沿海石油储运基地的建成和快速发展，港区油码头油品吞吐量和进出港口装卸油船日益增加，给港区及周围的海洋环境带来了巨大压力，特别是溢油事故发生，直接对环境造成严重的破坏。浙江舟山沿海是我国重要的战略石油储备基地，2015年5月，习近平总书记到浙江考察曾专程到场察看。然而，同其他沿海石油储运港区一样，该港区具有石化码头溢油、油船航行溢油、石油存储库区溢油等多种溢油风险源，其溢油风险不容忽视。对舟山沿海石油储运溢油风险评价，识别和发现石油储运过程中的事故隐患，制定出切实可行的风险控制措施，从而确保石油储备基地正常运营和环境安全是十分必要的。因此，本研究以舟山岙山石油储运港区为例，详细阐述层次分析的模糊综合评价模型构建过程，确立恰当的风险评价指标体系，确定评价对象的因素集和评价集，然后计算得到评价指标的隶属度和权重。探讨基于层次分析法的模糊综合评价在溢油风险评估与预警中的应用，利用构建的模糊综合评价模型对港区的溢油风险进行案例评价，为制定舟山岙山石油储运港区溢油风险控制计划提供一定的理论依据，也为溢油预警工作提供技术支持。同时通过FFT算法和数据拟合建立一套动态溢油风险评价标准，比较合理地反映海水中的溢油风险等级。

第 10 章 海洋溢油模型背景简介

国家海洋局发布的《2012 年中国海洋环境状况公报》（以下简称《公报》）显示：我国沿海水域受污染程度比 2011 年加重，污染最严重区域的总面积增加了 50%。2012 年劣四类（污染等级最严重，被定级为劣四类海水水质的水域不适合游泳，不能养鱼，也不适合工业用途。）海水水质的近岸海域面积约为 6.8×10^4 km²，较 2011 年增加了 2.4×10^4 km²，更令人扼腕的是近岸有约 1.9×10^4 km² 的海域呈现出重度富营养化的状态。

中国近岸海域环境问题突出表现在以下几方面：陆源排污压力大，近岸海域污染严重，赤潮灾害多发、海洋溢油、危化品泄漏等突发性事件的环境风险不断加剧等。据《公报》显示，在监测的近岸河口、海湾等典型海洋生态系统中，81% 的监测对象处于亚健康和不健康状态。72 条主要江河携带了总量约为 17.05×10^6 t 的污染物入海，辽河口、黄河口、长江口和珠江口等主要河口区环境状况受到明显影响。这些污染物包括 4.6×10^4 t 的金属和 9.3×10^4 t 的石油。另外，广东、福建和长江口等海域也相继发生了多起突发性海洋污染事件，污染物质泄漏入海引起局部海域环境遭受不同程度影响。

近几十年来国际国内海上溢油污染事故时有发生，严重破坏了海洋生态环境。国际上典型的溢油污染事故：①利比里亚籍油轮"扎雷·坎荣"号 1967 年 3 月从波斯湾驶往美国米尔福港，船上载运 12×10^4 t 原油，不幸的是该油轮在英吉利海峡由于触礁造成船体破损，10 天内，10×10^4 t 原油流入海域。虽然英国、法国都尽力进行控制和清除油污染，但是附近海域和沿岸仍遭受到大面积严重污染，英、法两国在生态环境和经济方面都蒙受了巨大损失。也是由于这次溢油污染事故，国际海事组织（Internatsonal Maritime Organization，IMO）召开了特别会议，就船舶污染海域安全技术和法律问题进行讨论，著名的国际船舶防污染公约——《1973 年国际防止船舶造成污染公约》（MARPOL 73 公约）随之诞生。随后又制定了《经 1978 年议定书修订的〈1973 年国际防止船舶造成污染公约〉》（MARPOL73/78 公约）。②1989 年 3 月 24 日，美国水域发生了规模最大的溢油事故——"埃克森·瓦尔迪兹"溢油事故。该船舶是一艘装载有 17 万吨原油的油轮，行驶到阿拉斯加威廉王子湾时为了避开冰块而在布莱礁上搁浅，导致船舶 11 个油舱破损了 8 个。在随后短短的 6 个小时内，就溢出了 3 万多吨原油，对当地生态系统的破坏程度无法估量。石油布满阿拉斯加 1 100 km 的海岸线，造成约 4 000 头海獭和 10 万 ~ 30 万只海鸟死亡。这次事故及后来美国发生的几起重大溢油事故，催生了美国《1990 年油污法》。同一年，国际海事组织通过了《1990 年国际油污防备、反应和合作公约》（OPRC1990），该公约于 1995 年 5 月 13 日生效，标志着人类对溢油事故由被动防御转为积极应对。③2007 年 11 月 7 日，美国旧金山海湾发生了严重的石油泄漏事件。一艘货船在浓雾中撞向奥克兰海湾大桥，22 万升船用燃料油泄入旧金山海湾。泄漏的石油迅速扩散，影响了加州北海岸的大片地区，50 多个公共海滩被迫关闭。④2009 年 3 月 11 日一艘货轮在澳大利亚昆士兰州附近海域遭遇风暴，导致燃油泄漏，船上搭载的部分装有化学品的集装箱落入海中，造成澳大利亚东北部数十个观光海滩被污染，周围养虾场均受不同程度污染。⑤2010 年 8 月 7 日，两艘货轮在孟买港口附近海域发生碰撞，约 800 t 燃油泄漏，对孟买生态环境造成损害，并给当地渔业带来不利影响。⑥2012 年 9 月 9 日，一艘在中国香港注册的散货船和一艘在韩国注册的液化石油气运输船，在新加坡西南部附近水域相撞，造成约 60 t 船用燃料油泄漏。

国内典型的非油轮船舶溢油污染事故：①1990 年 6 月 8 日凌晨 2 时 40 分，两艘外籍货轮在距大连老铁山西南约 30 km 的海域相碰，巴拿马籍"玛亚 8"号货轮当即沉没，轮船沉没处造成大面积溢油，形成南北宽约 18 km，东西长 70 km，面积约 1 260 km^2 的浮油区。由于大面积溢油的漂移、扩散，破坏了表层水体正常的生态环境，使这一海域的环境质量急剧下降，从而导致赤潮发生。专家分析认为，这次溢油事故，使这一海域的环境和生态资源受到破坏，初步统计，仅对海洋养殖业造成的直接经济损失约 900 万元，而对底栖生物带来的危害和其潜在影响更难以估计。②1995 年 6 月 9 日 14 时，巴拿马籍货船"亚洲希望"号在黄海北部成山角近海沉没，共溢油 240 t 左右，油膜覆盖面积达 246.8 km^2。成山角近海海域属高能海区，渔业资源丰富，生物生产力高，是多种经济鱼类和无脊椎动物的渔场、产卵场和仔稚鱼肥育场。沉船溢油时期是大多数重要经济鱼类产卵盛期。油污染使孵化仔鱼死亡率达 7% ~ 8%，孵化仔鱼畸形率达 2% ~ 4%。③2001 年 1 月 9 日，圣文森特籍"新发（NEWHOPE）"号货轮因船体进水在浙江普陀山桃花岛乌石子村附近海域冲滩，船体搁浅引起部分油品泄漏，造成重大渔业污染事故。④2009 年 9 月 15 日，受台风"巨爵"影响，集装箱船舶"圣狄"轮漂至珠海高栏岛长嘴搁浅，该事故导致船舶燃油柜数百吨燃油泄漏，此次溢油事故泄漏的燃油污染了高栏岛飞沙滩、三浪湾及西枕湾一带的海域和岸线。⑤"现代开拓"和"地中海伊伦娜"轮碰撞溢油事故。2004 年 12 月 7 日，巴拿马籍集装箱船舶"现代开拓"与德国籍集装箱船舶"地中海伊伦娜"发生碰撞，致使"地中海伊伦娜"轮的燃油船破损，1 200 多吨船舶燃料油流入海域，在海上形成一条长约 16 km 的油带，严重污染珠江口海域，是我国船舶碰撞事故中最大的一次溢油事故，造成损失约达 6 800 万元。⑥2009 年 11 月 1 日凌晨 2 时 55 分前后，在嵊泗绿华山北锚地锚泊的伊朗籍货船"ZOORIK"（祖立克）船发生走锚，受大风浪天气影响，4 时 50 分前后触碰西绿华山北岸礁石，船体破损进水，造成 510 余吨燃油泄漏。

油污染一直是海洋生态环境的最大敌人之一。海域一旦有较严重的油污染事件发生，其影响程度在空间和时间上都是不可估量的。特别是在海上运输船舶呈现大型化、高速化、专门化发展趋势的今天，不单单只有油轮或者油田发生的溢油事故污染严重，大吨位的非油轮船舶也可能发生对周围海域污染严重的溢油事故。例如，一艘集装箱船舶燃油最大携带量为其船舶总吨的 10% ～ 12%，但根据船舶航线和相关调查燃油实载率按 50% 计算，则一艘 15 万吨级的集装箱船舶其燃油携带量约为 7 500 t，若发生重大海难性事故，其事故溢油量也是不容小觑的，对当地生态海洋环境所带来的损害也是巨大的，就如上文中提到的"圣狄"轮集装箱船舶带来的损害一样。

鉴于近年来国内外海洋溢油事故的频繁发生及溢油事故给海洋环境、海洋生物、人类健康及社会经济发展带来的严重后果，对溢油污染海洋环境风险评价方法进行研究是十分必要的。本研究通过对溢油污染海洋环境风险评价方法的研究，针对溢油事故的风险因素，提出科学、合理、可操作的预防措施，降低风险。

第 11 章　溢油风险评价概述

11.1　风险与风险评价

"风险"这一概念最早出现在 17 世纪，是西班牙航海活动中经常使用的一个术语，一般是指在航海活动中遇到了危机，它反映的是早期航海活动中的不确定性。然而经过了这么多年的发展，现在风险已经超越了遇到危机的简单含义，而是指某一特定危险情况发生的可能性和危害后果的组合。风险存在于所有的人类活动中，不同的活动会带来不同性质的风险，如日常的灾害风险、工程风险、投资风险、污染风险、决策风险等。

风险评价一般是指在风险估测和风险识别的基础上，结合相关因素对风险发生的可能性、危害后果进行全面考虑，从而评价风险发生的可能性及风险造成的危害后果，并通过与一些安全指标进行比较来判断其风险情况，并决定应当采取什么措施的过程。通过风险评价，研究人员可以得到定性和定量的数据，从而使得决策人或决策单位能够在风险管理中做出正确的决策。基于风险的定义，风险评价应当解决以下 3 个问题：①可能发生什么意外事件；②意外事件发生的概率；③意外事件发生后所造成的后果是什么。

兴起于 20 世纪五六十年代的风险评价，在欧美国家最初是用来评价核电厂的安全性。由于它具有的独特优越性，使得风险评价随后迅速在各个行业和领域中得到推广和应用。

20 世纪 70 年代后期，风险评价才开始应用于海洋工程领域。随着国际贸易总量的不断增加，海上交通流量与日俱增，与此同时，海上事故的发生越来越频繁，不仅给社会经济和人员安全带来了很大的危害，而且严重破坏了海洋生态环境。

11.2　风险评价方法

为了对不同系统进行风险评价，各国专家学者通过多年的研究，先后提出了多种评价方法。目前经常使用的风险评价方法主要是：模糊综合评价法、层次分析法、蒙特卡洛方法、综合安全评价方法、故障树分析（FTA）、事件树分析（ETA）、预先危害分析、失效模式分析（FMA）、影响及危害性分析（FMECA）、危险性和可操作性研究（HAZOP）、贝叶斯网络（BN）以及人工神经网络评价法等。

11.2.1　模糊综合评价法

模糊综合评价法（Fuzzy Comprehensive Evaluation）是借助模糊数学的一些概念，对实际的综合评价问题提供一些综合的评价方法。换句话说，模糊综合评价根据模糊数学的隶属度理论，应用模糊关系合成的原理把一些较难定量的因素定量化（即确定隶属度），对受到多种因素制约的事物或对象进行综合评价的一种方法。

模糊综合评价的一般步骤如下。

1）确定评价对象的因素集

假设有 p 个评价指标，$u = \{u_1, u_2, \cdots, u_p\}$。

2）确定评价集

$v = \{v_1, v_2, \cdots, v_p\}$，每一个等级可对应一个模糊子集。

（1）建立模糊关系矩阵 $\boldsymbol{R}$。在构造了等级模糊子集后，要逐个对被评事物从每个因素 u_i（$i = 1, 2, \cdots, p$）上进行量化，即确定从单因素来看被评事物对等级模糊子集的隶属度（$R \mid u_i$），进而得到模糊关系矩阵：

$$\boldsymbol{R} = \begin{pmatrix} R \mid u_1 \\ R \mid u_2 \\ \vdots \\ R \mid u_p \end{pmatrix} = \begin{pmatrix} r_{11} & r_{12} & \cdots & r_{1m} \\ r_{21} & r_{22} & \cdots & r_{2m} \\ \vdots & \vdots & \ddots & \vdots \\ r_{p1} & r_{p2} & \cdots & r_{pm} \end{pmatrix}_{p \cdot m} \qquad (11-1)$$

矩阵 $\boldsymbol{R}$ 中第 i 行第 j 列元素 r_{ij}，表示某个被评事物从因素 u_i 来看对 v_i 等级模糊子集的隶属度。一个被评事物在某个因素 u_i 方面的表现，是通过模糊向量来刻画的，

$$(R \mid u_i) = (r_{i1}, r_{i2}, \cdots, r_{im}) \qquad (11-2)$$

而在其他评价方法中多是由一个指标实际值来刻画的，因此，从这个角度讲模糊综合评价要求更多的信息。

（2）确定评价因素的权向量。在模糊综合评价中，确定评价因素的权向量：$A = (a_1, a_2, \cdots, a_p)$，权向量 A 中的元素 a_i 本质上是因素 u_i 对模糊子｛对被评事物重要的因素｝的隶属度。本研究使用层次分析法来确定评价指标间的相对重要性

次序。从而确定权系数，并且在合成之前归一化。即

$$\sum_{i=1}^{p} a_i = 1, a_i \geqslant 0, i = 1, 2, \cdots, p$$

（3）合成模糊综合评价结果向量。利用合适的算子将 **A** 与各被评事物的 **R** 进行合成，得到各被评事物的模糊综合评价结果向量 **B**。即：

$$A \cdot R = (a_1, a_2, \cdots, a_p) \cdot \begin{pmatrix} r_{11} & r_{12} & \cdots & r_{1m} \\ r_{21} & r_{22} & \cdots & r_{2m} \\ \vdots & \vdots & \ddots & \vdots \\ r_{p1} & r_{p2} & \cdots & r_{pm} \end{pmatrix} = (b_1, b_2, \cdots, b_m) = B$$

$$(11-3)$$

其中 b_1 是由 **A** 与 **R** 的第 j 列运算得到的，它表示被评事物从整体上看对 v_j 等级模糊子集的隶属程度。

（4）对模糊综合评价结果向量进行分析。实际中最常用的方法是最大隶属度原则，但在某些情况下该原则的使用会有些勉强，会损失很多信息，甚至得出不合理的评价结果。使用加权平均求隶属等级的方法，对于多个被评事物依据其等级位置进行排序。

11.2.2 层次分析法

层次分析法（Analytic Hierarchy Process，AHP）是美国运筹学家、匹兹堡大学 T. L. Saaty 教授在 20 世纪 70 年代初期提出的。AHP 是对定性问题进行定量分析的一种简捷、灵活而又较实用的多准则决策方法。层次分析法是一种行之有效的确定权系数的有效方法。特别适宜于那些难以用定量指标进行分析的复杂问题。它把复杂问题中的各因素划分为互相联系的有序层并使之条理化，根据对客观实际的模糊判断，就每一层次的相对重要性给出定量的表示，再利用数学方法确定全部元素相对重要性次序的权系数。层次分析法的一般步骤如下。

1）建立层次分析结构

采用层次分析方法来解决日常的实际问题，就是要将实际问题条理化、层次化，从而得出层次分析结构。层次分析结构通常由 3 个层次组成：最高层是明确问题的预定目标，即目标层；中间层则是影响目标实现的准则，即准则层；最底层是方案层，即为了解决问题，在准则层因素的影响下采取什么解决措施。最后，根据各个层次之间的关系，将它们连接起来，就得到了层次分析结构。图 11 - 1 列出了结构

的目标层与准则层。

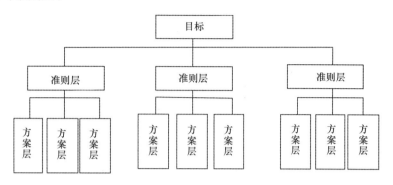

图 11 - 1　层次分析结构图

2) 构造判断矩阵

通过已经得到的层次分析结构，根据表 11 - 1 所示的九标度判断方法对每一层的指标进行两两比较，通过邀请专家打分，就可以很轻易地得到所需要的判断矩阵。其中，a_{ij} 就是因素 a_i 对 a_j 的相对重要性数值。

通过对 n 个因素两两之间的相对重要性进行比较，就可以得到一个判断矩阵 P。即：

$$P = (a_{ij})_{n \times n} \qquad (11 - 4)$$

如果判断矩阵 P 中的所有元素都满足 $a_{ij} \cdot a_{jk} = a_{ik}$，那么就称 P 为一致性矩阵。

表 11 - 1　九标度判断法

判断尺度	表达的意思
1	i 因素与 j 因素同等重要
3	i 因素比 j 因素稍微重要
5	i 因素比 j 因素明显重要
7	i 因素比 j 因素强烈重要
9	i 因素比 j 因素极端重要
2，4，6，8	重要程度介于上述两个连续的判断尺度之间
倒数	判断值 $a_{ij} = 1/a_{ji}$，$a_{ii} = 1$

（1）层次单排序与一致性检验。层次单排序实质上就是计算权向量，它是指判断矩阵的各因素针对其对应准则的相对权重。

计算权向量的方法有很多，主要有特征根法、和法等，这里主要介绍和法。和法是将判断矩阵 $\boldsymbol{P}$ 的所有行向量进行归一化后得到的算术平均值，可以近似地作为权重向量，计算步骤为：$\boldsymbol{P}$ 的元素按行归一化；将归一化后的各行相加；将相加后的向量除以 n，就得到了权重向量 ω_i。

$$\omega_i = \frac{1}{n}\sum_{j=1}^{n}\frac{a_{ij}}{\sum_{k=1}^{n}a_{kj}} \quad i = 1,2,\cdots,n \quad\quad (11-5)$$

对得到的权重向量，还要进行一致性检验。若检验通过，对权重向量进行归一化，就得到权向量；若不通过，则需要重新构造判断矩阵。一致性检验步骤如下：

计算一致性指标 CI：

$$CI = \frac{\lambda_{max} - n}{n - 1} \quad\quad (11-6)$$

$$\lambda_{max} = \sum_{i=1}^{n}\frac{(AW)_i}{n\omega_i} = \frac{1}{n}\sum_{i=1}^{n}\frac{\sum_{j=1}^{n}a_{ij}\omega_j}{\omega_i} \quad\quad (11-7)$$

表 11-2　平均随机一致性指标 RI 的值

阶数	1	2	3	4	5	6	7	8	9
RI	0.00	0.00	0.58	0.90	1.12	1.24	1.32	1.41	1.45

据表 11-2 查找对应的平均随机一致性指标 RI

计算一致性比例 RI

$$CR = \frac{CI}{RI} \quad\quad (11-8)$$

当 CR < 0.1 时，判断矩阵的一致性处于可接受的范围；当 CR ≥ 0.1 时，必须对判断矩阵进行适当的修改。

（2）层次总排序与一致性检验。总排序是指所有判断矩阵的各个因素针对最上层，也就是目标层的相对权重。这一权重的计算逐层合成，采用的是从上至下的方法。

（3）结果分析。基于前面的分析，计算结果并做出相应的决策。

这种方法的特点是在对复杂的决策问题的本质、影响因素及其内在关系等进行深入分析的基础上，利用较少的定量信息使决策的思维过程数学化，从而为多目标、多准则或无结构特性的复杂决策问题提供简便的决策方法。尤其适合于对决策结果难以直接准确计量的场合。

层次分析法的整个过程体现了人的决策思维的基本特征，即分解、判断与综合，易学易用，而且定性与定量相结合，便于决策者之间互相沟通，是一种十分有效的系统分析方法，被广泛地应用于经济管理规划、能源开发利用与资源分析、城市产业规划、人才预测、交通运输和水资源分析利用等方面。

溢油事件是一个发生原因复杂、发生机制规律性很小而随机性和模糊性却很强的过程。由于溢油事故涉及的因素很多，完全按照层次分析法的成对比较分析将会产生很多矩阵，这对快速判断溢油污染有较大的不便。目前层次分析法在溢油的因素分析上存在以下特点：①不考虑社会经济发展对溢油的影响；②对于人的因素在溢油中的影响地位的处理过于粗糙；③对各因素间的关系的处理过于简化。当前的处理方法使得预测过程相对简单，但是，因为忽略了很多影响因素，所以得到的结果也不尽如人意。另外，如何更准确合理地确定组合权重，是层次分析法在溢油预测应用上需要进一步解决的关键问题之一。因此，为了得到更加合理便捷的预测结果，结合层次分析法的优点，将所有的分析因素编制为程序，利用计算机的优越性，对溢油的风险程度进行全面的分析成为当前的研究热点。

另外，可以将层次分析法与模糊综合评价法结合使用。利用层次分析法确定溢油风险评价的所有指标的权重可以避免模糊综合评价法在确定各因素权重方面的主观性和粗糙性，从而提高模糊综合评价法在实际评价溢油风险时的准确性。

11.2.3　贝叶斯网络

贝叶斯网络（BN）是 Pearl 在 1988 年提出的一种不确定知识表达模型，是基于概率推理的图形化网络，其基础就是贝叶斯公式。概率推理的过程就是根据已知的信息来推出其他未知信息。目前贝叶斯网络在很多领域获得了广泛的应用。

贝叶斯网络可以看作是一个有向无环图，这个图中包括节点和有向边。节点表示的是一个变量，有向边的方向是从父节点指向子节点的方向，通过条件概率表来描述关联强度或置信度。BN 由两个部分组成：基于贝叶斯网络拓扑结构的定性部分以及基于条件概率表的定量部分。贝叶斯公式如下所示：

假定一个试验 E，S 为 E 的样本空间，A 为 E 的事件，B_1，B_2，$\cdots$，B_n 为 E 的一组事件，满足：B_1，B_2，$\cdots$，B_n 互不相容；且 $P(B_i) > 0$，则有全概率公式：

$$P(A) = P(A \mid B_1) + P(A \mid B_2) + \cdots + P(A \mid B_n) = \sum_{i=1}^{n} P(A \mid B_i) P(B_i)$$

$$(11-9)$$

推得的贝叶斯公式，其中 $P(B_i)$ 表示先验概率，$P(B_i \mid A)$ 表示后验概率：

$$P(B_i \mid A) = \frac{P(A \mid B_i)P(B_i)}{\sum_{i=1}^{n} P(A \mid B_i)P(B_i)} \qquad (11-10)$$

采用数学统计方法分析溢油事故发生的特点从而预测溢油发生的概率，会因为原始数据的缺乏和统计方法本身的一些不足，导致概率计算具有较大的主观性和粗糙性，由此必然导致分析结果存在使用上的缺陷。

1974 年，Devanney 等利用贝叶斯分析对溢油统计数据进行了溢油事故发生次数、发生规模等概率特征的初步研究。对局部海域而言，其范围内发生的溢油事件概率是非常小的，有时甚至没有溢油的历史记录，在这种情况下，采用随机理论方法将受到限制，所以这种方法并不适合局部海域的溢油概率分析。

Robert H. Schulze 等通过求条件概率得到溢油概率的方法来计算溢油发生概率。将 St. mary River 范围内油船通量与油船事故概率和溢油概率相关联的方式，分析能见度这个环境因素对油船事故的影响，并得出溢油发生概率的公式。显然，这种方法并不适合于求每一类油船事故引起的溢油概率，因为在一个事故已经发生的条件下，其溢油与否并不依赖能见度的高低。所以，这种计算方法是简洁的但也是较为粗糙的。同时概率计算无法为溢油事故发生后实际的应急计划提供可操作性的决策建议。因此，基于概率推理的贝叶斯网络方法的应用还有待进一步完善，并且要做好完整的溢油事故统计记录。

11.2.4　人工神经网络评价法

在现实社会中，人们往往需要考虑很多决策问题，这就需要通过分析各种影响因素，建立适当的数学模型来做出决定。但是由于各种条件限制，使得数学模型获取的结果与现实有一定的误差。因此需要重新建立模型，这样就必然会重复很多工作，而且无法对已经获取的知识进行充分利用。针对这种情况，一些研究人员提出了一种能够模拟人脑的神经网络模型，这种模型能将已经获取的知识进行积累并充分利用，从而能够尽量缩小与实际值之间的误差。这种方法就是人工神经网络。

实际上，人工神经网络只是在一定层次和程度上的模仿和简化人脑功能的基本特性，并不是对生物神经系统的逼真描述。人工神经网络的两大重要特征分别是大量神经元之间的协同效应、采用学习的方法来解决问题。

经过上述分析，可以知道人工神经网络的结构如图 11-2 所示。

人工神经网络是根据神经科学、数学、统计学、物理学、计算机科学及工程学

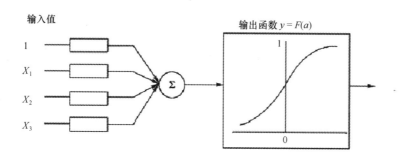

图 11 - 2　人工神经网络结构图

学科融合发展的一种技术。它是由简单信息处理单元（神经元）互连组成的网络，能接收并处理信息，网络的信息处理由处理单元之间的相互作用来实现，它是通过把问题表达成处理单元之间的"连接权"来处理的。它与人脑的相似之处概括为两个方面：①通过学习过程利用神经网络从外部环境中获取知识；②内部神经元（突触权值）用来存储获取的知识信息。其中，"反向传播算法"是人工神经网络的一个软算法。反向传播算法（Back Propagation Algorithm）简称 BP 算法，是由 Rumelhart 和 McClelland 在 1986 年提出。在 BP 算法的构成中，使用了运筹学中非线性的理论和方法。

神经网络系统的训练过程中，除了激励函数的引入以外，没有任何其他的人为引入，减小了模型的人为性、主观性。同时，神经网络系统的扩展极为容易，可以实现对于任意多个输入参数及输出参数的映射关系，这是一个非常具有吸引力的特点。人工神经网络对一非线性系统具有良好的函数逼近能力，善于联想、概括、类比和推理，并且具有很强的自学习能力、善于从大量统计资料中分析提取宏观统计规律的特点。研究结论表明，该方法应用于溢油风险评估是切实可行的。实际上，应用此方法也取得了较好的效果，如袁群将人工神经网络理论引入了船舶油污损失赔偿额的估算中，通过从历史船舶溢油事故案例库中选取了 10 组样本数，以污染损失赔偿额与影响因子集作为训练样本，建立了船舶溢油事故污染损失额估算的人工神经网络模型。然而，由于目前我国溢油事故统计资料和数据还不够准确和充分，因而预测结果可能会存在一定的误差和局限性，如果加大统计的数据量和精度，则会进一步提高估算精度。

11.2.5　灰色系统理论法

灰色系统理论是在控制论、信息论和系统论的影响下，在 20 世纪 80 年代初形成的一门新的理论，其特点是对部分信息未知的系统仍能进行定量分析。它是研究少数据、不确定性的理论，在分析少数据的特征、了解少数据的行为表现、探讨少数据的潜在机制、综合少数据的现象的基础上，揭示少数据、少信息背景下事物的演化规律，为建立人与自然、经济与资源的和谐关系提供依据，为利用有限信息解决工农业生产规划提供支持。基于概率外推、函数外推、经验外推等方法的预测为一般预测，它们的共同特点是对大样本量的追求；基于少数据模型 GM（1，1）的预测称为灰色预测，包括：数列灰预测、灾变灰预测、季节灾变灰预测、拓扑灰预测、系统灰预测等，它们的特点是允许少数据预测、允许对灰因白果律事件进行预测及具有可检验性等。溢油事故是由人、船、环境等多种因素组成的动态系统，该系统既有人们已知的确定信息，也存在一些未知和不确定的信息，构成了一个动态的灰色系统，因此，我们可以运用灰色系统的理论和方法来研究溢油系统。目前，由于种种原因，我国的溢油事故统计资料不全，对这样一个部分信息未明、相较于陆地上交通事故样本数据量少而且信息准确度不高的系统，灰色理论有其相当的适应性。应用灰色系统理论对溢油事故的预测流程如图 11－3 所示。

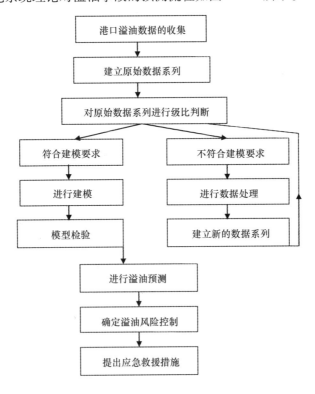

图 11－3　溢油事故预测流程

早在 20 世纪 90 年代末，李品芳等人已经开始应用灰色系统理论对船舶溢油事故进行了研究。灰色系统理论自身的特点，使它在溢油预测及其他领域的预测上存在一定的局限性，表现为灰色预测模型 GM（1，1）只能应用于短期预测，而且对原始数据的分布特点有一定的要求，对不符合分布要求的原始数据应进行相应的数据处理，不宜做长期的预测。尽管如此，对于新建港口进行溢油事故风险评估，灰色理论是一种很好的方法。

11.3　溢油风险评价研究现状

溢油风险评价的研究主要集中在溢油事件的发生概率、对导致溢油事件的因素分析和溢油风险的动力学模型方面。

11.3.1　溢油事件概率的研究

溢油事件概率研究目前主要有以下两种方法。

1）利用统计数据和随机理论方法，通过求条件概率的方法计算溢油发生概率

Devnaney 等利用贝叶斯分析对溢油统计数据进行了溢油事故发生次数、发生规模等概率特征的初步研究。国内肖景坤利用泊松二次分布对我国海域的船舶溢油发生次数的概率进行了预测，分析了溢油量为 50 t 以上、100 t 以上、150 t 以上以及 1 000 t 以上的船舶溢油时间在发生次数上的概率特点。目前，我国船舶溢油事故统计资料和数据还不够准确和充分，结果可能会存在一定的误差和局限性。Robert H. Schulze 等通过将研究范围内的船舶通量与船舶事故的概率、溢油概率相关联的方式，分析了能见度这个环境因素对油船事故的影响，并给出了该区域溢油发生的概率表示。这是通过求条件概率而得到溢油概率的方法，并在实际中得到应用。

2）利用条件概率和基础概率相结合求出溢油发生的概率

竺诗忍等在研究舟山海域的突发性溢油事故环境风险评价中，假定航行的船舶中油船的比例为 R，在航行的油轮中，半数载油半数空载，载油的油轮在航道、泊位或锚地分别发生碰撞、搁浅或船身破损后溢油的概率各为 50%。在以上的假定条件下，并结合离散型二项概率分布计算的溢油基础概率得到的溢油概率为：

$$P（溢油）= \frac{5-R}{12}pR + \frac{1}{4}pR + \frac{1}{4}pR = \frac{11-R}{12}pR$$

式中，p 为船舶溢油的基础概率。李品芳也应用此方法对厦门港进行了溢油事故概

率的计算，但此模型是简单的也是粗糙的。

不同于上面对溢油事故条件概率的研究，美国 DOI 开发的溢油风险分析（OS-RA）模型利用溢油模型进行的溢油轨迹模拟，并以在给定时间和某一地点溢油能够影响敏感区域的条件作为条件概率，最后结合利用泊松分布进行的溢油基础概率的计算结果进行了溢油影响环境资源综合概率的计算。

11.3.2　溢油动力学模型的研究

建立正确的溢油预测模型不仅可以准确预测溢油将要影响的区域，为重要的敏感资源的防护发出预警，还可准确预测溢油运动的趋势。因此为合理模拟溢油的漂移、扩散、蒸发等行为，必须建立一个合理的溢油模型。

溢油运动是一个非常复杂的过程，它不但包括油膜自身的扩展运动，在潮流和风场作用下的漂移、扩散运动，而且在运动过程中，油膜本身的物理性质也不断发生变化包括挥发性、密度、乳化等。这也就决定了准确模拟溢油运动是一项庞大而复杂的工程。

早期的溢油模型多采用油膜质心轨迹结合油膜扩展经验公式方法，由于其多方面的局限性，现已很少应用。而计算溢油漂移的另一类模式——油膜动力学模式，在一定程度上有其优越性和实用性，但也存在不足。例如：该模型的前提是假定油膜的变化和运动都是连续的，因而它不能考虑到油膜的破裂；该模式的另一基本假定便是对于油膜内的水平动量交换过程采用 Boussinesq 近似原则，在实际情况中，该假定有很大的局限性。若因某一油种溢油的凝固点高于海水温度而使溢油发生凝固时，也就破坏了该方法的前提假设而无法适用。

近年来在国际上得到广泛应用的是 20 世纪 80 年代由 Johansen、Elliot 等提出的基于随机理论的"油粒子"模型。该模式是将整个溢油看成大量小体积油滴微元的集合，用质点运动近似水体中油的漂移扩散过程。"油粒子"概念打破了采用对流扩散方程模拟溢油的传统方法，直接模拟导出扩散方程的实际物理现象，可以更确切地表述溢油对各种海洋动力因素的响应过程。这类模式不仅避免了上述数值方法本身带来的数值扩散问题，同时还可以正确重现海上油膜的破碎分离现象，能准确地描述溢油的真实扩散过程。且使用粒子概念研究对流扩散过程，系统总质量是守恒的，跟踪的是粒子的路径，而不用求解方程组，其本质是稳定的。经国内外众多致力于溢油研究学者的应用与观测验证，证实该模式更为合理和精确。

11.3.3　溢油危害程度的研究

荷兰学者 W. Koops 提出的用于界定溢油事故污染等级的 DLSA 评价模型，用 9 个单项指标来对溢油事故可能引起的污染进行分析评价，其采用的指标为：①油在水体中的毒性；②生物体的积累性；③油的持久性；④空气中的毒性；⑤爆炸的危险性；⑥火灾的危险性；⑦放射性危害；⑧腐蚀性危害；⑨致癌危险性。针对每起事故中油的特性定量给出以上 9 个指标的分值，由下面这个公式来计算溢油事故的污染程度：

$$LEVEL = \sum_{i=1}^{9} S_i W_i \qquad (11-11)$$

式中，S 为各个指标的分值；W 为专家根据指标在溢油事故污染危害中的重要性给出的指标权重值。但该方法只就油类本身特性来评价石油污染的程度，它只是溢油后危害程度的一部分。

英国在对溢油的影响评价中对溢油污染事故进行分级时主要是以溢油量大小的评价参数，将溢油对环境可能造成的影响从"极小"到"重大"划分为 6 个等级，不同的影响程度对应于不同的响应措施。

美国的 Spaulding 提出了一个基于计算机运算的溢油对渔业的损害耦合模型，该模型包含用于模拟潮流状态的潮流模型、用于预测油品入海后的时空分布及其理化状态变化的溢油模型、用于预测各类生物的不同年龄段的生物时空分布的生物种群模型和损害评估模型等子模型。该模型可以较准确评估溢油对生物种群的危害，但所输入的数据多为现场监测或从资料中所得，评估过程相对较慢。

佛罗里达州评估公式，则将流出油的加仑数、地理位置系统（离岸距离）、环境敏感系数、污染物的毒性、溶解性、持久性与消失性等作为溢油评估的影响因子。华盛顿评估模型，将溢油量、溢油的短期毒性、敏感等级、溢油的持久性、溢油的黏附等级作为主要影响因子。但这两种评估模型只对溢油后所导致的危害程度评估提供了部分重要指标信息，只适用于计算自然资源损害。

相对国外的研究而言，我国对于溢油风险评价的研究起步较晚，缺乏系统的研究方法和实例研究。对溢油危害研究主要有两种情况：①专注于对生态环境价值影响的研究；②通过筛选评价因子建立指标评价体系，对溢油危害进行等级评价。

于桂峰利用生境等价分析计算了塔斯曼事故因溢油造成的溢油生态服务功能价值损失，周玲玲则建立了生态损失指标体系对溢油造成的海洋生态损失进行了核算。

肖景坤利用人工神经网络系统建立了船舶溢油风险程度甄别的评价模型，该模型包括了溢油发生的地域分析、油品分析、事故船舶分析和溢油响应成功性影响分析 4 个子系统，构造了可对海域不同区域之间发生船舶溢油危险横向比较的神经网络系统。对于模型当中所包含的评价指标，比较合理地建立了相应的量化准则。在神经网络系统的训练过程中，除了激励函数的引入以外，没有任何其他的人为引入，减小了模型的人为性、主观性。

麻亚东通过多层次灰色评价模型建立了以船舶自身因素、环境因素、人的因素和管理因素等作为基础指标的指标体系对溢油事故进行等级评价，弥补了以往只考虑船舶和环境因素，而将人和管理因素影响引入了评价指标体系。耿晓辉通过模糊神经网络建立溢油事故等级评价的数学模型，根据溢油位置、溢油量、油种的毒性、持久性、易燃性、船舶破损状况、船龄、船吨位 8 个影响因素来对溢油事故的等级进行评价。

对于溢油危害程度的等级评价，运用模糊综合评价方法进行研究并提出油污染事故评估的一般程序和技术的文献也不在少数。

11.3.4　导致溢油事故的因素研究

运用事件树方法分析、鉴别导致溢油的因素是研究海上溢油的常用方法之一。事件树的分析能鉴别溢油事故发生的关键因素及针对这些因素提出避免事故发生或减小危害的措施，并能对引起事故的各因素进行排序，最终自然地给出较薄弱的环节，从而查出溢油风险的关键区域，并且提出相应可做的规避措施。在我国，已有人进行了一些因素分析方面的研究。考虑了导致船舶溢油的一些基本因素：如船舶类型、船舶吨位、船舶的技术状态、气候条件、人为因素。如黄严品等通过对船员的思想素质、业务能力、心理状况等各个方面进行综合的层次分析，对如何预防人为因素导致的船舶海上事故进行了量化评估，向决策者和船员提供防止人为失误导致事故的措施。马会利用灰色系统的灰色据类和灰色统计的方法，研究了操船环境的危险度。于佳佳基于国内外 254 起船舶碰撞事故分析报告，运用逐步回归分析方法研究了对船舶碰撞事故可能产生影响的各类碰撞要素，并对得到的碰撞要素进行了系统聚类，确定了碰撞要素与碰撞结果之间的函数关系。对船舶安全进行因素分析时，也可以借鉴并将其应用于船舶溢油事故的因素分析当中。

11.3.5　溢油模拟模型的研究

从 20 世纪 60 年代以来，相关研究人员对于溢油的行为进行了大量的研究，相继研究开发出了许多溢油动力模式，建立了较多的预测和预报溢油及油品行为的数值模式，其中 OSRA、OILMAP、OSIS、OSCAR、MS4、MU - SLICK、RIAM、MO-HID 等数值模式是比较先进的。根据这些模型预测和预报溢油的行为可以更好更有效地开展溢油应急响应行动。OSRA 系统不仅可应用于溢油行为的模拟，还可预测溢油易发海域，是评估海上溢油风险的一种工具，可应用于海上石油溢油风险的评价。该模型经过多次更新，在实际中得到了推广应用。OILMAP 可以进行溢油轨迹的模拟，追溯溢油源以及应急反应的计算等。OSCAR 系统可提供应急资源的分布情况和一些简单的应急策略，其包含的溢油清除模型可以为溢油应急反应预案的制定进行分析模拟。而 OSIS 系统提供风险评价、应急计划和培训工具。

　　我国对溢油预测的研究始于 20 世纪 80 年代初。这些研究对各海域进行了一系列的溢油预报模拟，并大量应用于实际海域。如渤海湾海面溢油数值模拟、珠江口区域海上溢油应急预报信息系统、舟山海域溢油应急模拟信息系统、胶州湾及邻近海域溢油轨迹的数值模拟等。近年来，我国对溢油这一领域的研究日益重视，国家海洋局北海预报中心开发出海上溢油应急预测预警系统并已将该系统应用到渤海湾、莱州湾、EDC 埋岛西 A 区、阿帕契公司、胜利油田等有溢油风险的区域。由山东海事局等承担的国家发展和改革委高技术产业发展项目"海上溢油应急快速反应关键技术开发"已验收，其中子课题"渤海海域溢油污染预测预警技术"专题采用了国际先进的风场、流场预报模式和岸线拟合方法，实现了渤海海域流场、风场数据的高分辨率预报；实现了自主研发的环境预报数据与国际先进溢油专业软件 OILMAP 的成功对接；首次将 ESI 岸线指数应用于中国渤海和北黄海海域，实现了针对敏感资源的溢油污染快速预测预警功能。由交通运输部水运科学研究院承担的课题"水上溢油预测预警与应急决策技术研究"，是"十一五"国家科技支撑计划重点项目"远洋压载水净化和水上溢油应急处理关键技术研究"的第二课题，该课题的研究紧密结合了中国海事局海上应急指挥系统及南海、北方海区溢油应急信息系统的建设和更新，建立了覆盖全部中国近海海域的区域性海上溢油漂移模型，通过溢油风化模拟、溢油模型开发与验证，对溢油敏感图、漂移模型、溢油预警、敏感资源保护方案、溢油应急预案及推理模型、污染清除及应急设备调用方案及推理模型的基础性科学研究、相关模型库、数据库及其应用模型的开发与耦合试验，攻克了大规模溢油应急反应中快速准确预报典型油品的风化形态、漂移轨迹和环境归宿状况、溢油污染风险的超前预警、初步预警和精细预警等关键技术，并能够快速搜索水上溢油污染清除与设备调用方案，为溢油应急决策提供关键技术支持。该课题成果的主要技术指标已达到国际先进水平，其中在海面风场快速诊断模型、溢油风化模型、溢油漂移动态预报模型等方面均达到国际领先水平,有效提升了国家海上船舶溢油污染事故应急反应能力,有利于促进国家海洋运输和海洋经济的可持续发展。

11.3.6 国内外船舶溢油风险管理的研究

1)美国

美国的船舶溢油风险管理是通过建立美国船舶污染应急体系而实现的,该体系初建于 20 世纪 70 年代。随着应对灾难和紧急事件的有关法律法规的相继颁布实施以及 1989 年"埃克森·瓦尔迪兹"重大溢油事故的发生,该体系逐步得以健全。特别是 20 世纪 90 年代的"联邦应急方案"的正式推出和《1990 年油污法》的生效,使美国现有污染应急体系具有了统一、规范的框架模式,并实施了"总统灾难宣布机制",从而更具有应急协调能力,对海上突发污染事故能够快速有效地做出反应,控制或减少污染损害。该应急体系主要是由国家溢油应急反应指挥中心、与之相关的州政府及地区构建的三级溢油应急反应系统。在船舶溢油防备和反应方面,美国不仅制定了比较完善的法律法规、建立国家防污染反应体系,而且还建设了科学合理的溢油预防、控制和应急策略系统、信息库系统、溢油污染鉴别系统及溢油污染损害赔偿体系。美国船舶污染应急体系的溢油清除力量包括发生溢油污染的公司及船舶的保险公司、海岸警卫队国家突击队、国家污染基金中心和辖区反应组。溢油公司对溢油事件负责,第一时间启动应急预案并负责上报。

因为基金公约赔偿限额太低,美国未加入国际公约,而是根据《1990 年油污法》建立了自己的油污基金——"油污责任信托联合基金"(简称 OSLTF),形成了较为完善的油污损害赔偿机制,其中规定的船东的油污损害赔偿严格责任限制大大高于 CLC1969,而且还规定了船东不能免责的许多"除外条款"。联邦政府设立 10 亿美元的油污基金,且各州政府也通过立法设立了 1 亿美元的油污基金制度。油污基金的建立有利于迅速调集溢油应急力量,及时采取清除措施,将溢油污染造成的损害控制在一定的范围。美国还建立了溢油清除协会会员制度,以确保溢油清洁公司的正常运转和快速反应。在溢油清除和防污染管理工作中,通过市场化、商业化的运作来解决公司的生存问题。

美国建立了国家—区域—地方的三级应急组织,每级组织都制订了相应的应急计划。美国的《1990 年油污法》规定了联邦政府及州政府在海上溢油事故发生时应具备的应急管理职能、溢油反应基金制度及相应的运作机制,完善国家应急反应体系组织机构,编制国家溢油应急计划,建立应急指挥系统等。一旦发生海上溢油污染事故，国家应急反应体系及相关职能部门能立即按溢油应急计划行动，迅速反应，争取在最短时间内控制油污染。《1990 年油污法》对船舶在油污防备、反应及合作方面也做了详细的程序规定，美国海岸警卫队要求进出美国水域的船舶提交清除油污应急计划，所提交的计划中必须包括发生船舶油污染事故后的通知、预防、支援、培训及联络等各个处理程序。此外，还要求进出美国水域的船舶在美国指定一家符合美国法律要求的油污染清洁公司，当油污事故发生时，可以立即采取行动，不致因延误、慌乱而不能立刻采取清除油污的措施，以致油污损害扩大。而且，《1990 年油污法》要求油污染事故一旦发生应立即安排清污机构启动应急行动并将具体情况通报有关部门，油污现场协调人统一指挥油污应急反应，并审查具体的反应组织行动，以确保其按照政府的要求进行。

《1990 年油污法》的颁布，不但从实质上解决了美国国家海上溢油应急反应机制的大问题，而且建立了既快速又高效的溢油应急反应体系。世界上多数国家通过缔结或参加了《1971 年设立国际油污损害赔偿基金公约》及其 1992 年议定书，加入国际油污染损害赔偿基金，以解决超出船东责任限制的油污损害赔偿和费用偿付。但是根据上述基金公约，国际油污染损害赔偿基金只对船舶油污染损害的受害人提供事后赔偿，而不先行支付船舶油污染事故应急反应所产生的费用，这很不利于鼓励和帮助相关单位对重大溢油事故做出及时的应急反应。鉴于《1971 年设立国际油污损害赔偿基金公约》及其 92 议定书中油污基金使用的局限性，美国政府为了给较大规模的船舶溢油应急行动提供及时有效的财政资金，也为编制溢油应急计划和科研活动提供资金，以保证溢油应急的时效性而没有加入基金公约，根据自己国家的实际情况，制定了《1990 年油污法》，并设立了 10 亿美元的溢油赔偿责任信托基金。该溢油赔偿责任信托基金的最大特色是具有先行支付溢油应急反应所产生的费用的功能，被称为"应急资助"或"溢油反应资助"。一旦发生溢油事故，国家污染基金中心就会派遣事故处理小组前往现场处理相关事宜。事故处理小组会密切配合溢油应急反应现场协调员，全力支持他们的工作，国家污染基金中心全天 24 小时管理溢油赔偿责任信托基金的支出，以确保及时的为"应急基金"提供资金支持。"应急基金"仅提供给联邦现场协调员，且联邦现场协调员的职责是对油类排放事故或油类排放的重大威胁事故做出反应决策，并监控责任方迅速采取有效的清污行动。

2）英国

英国船舶溢油风险管理是由海上污染管理委员会进行的，其属于英国政府运输部，主要负责海上污染事故的处理和沿海地方部门之间的海滩清理工作。英国政府设有国家突击力量，并配备消油剂专用的喷洒飞机和船舶及用于溢油回收的机械设备，利于海洋环境溢油污染事故的清理。而且在政府环境部门的协调下，地方当局负责当地的海滩清理工作，其费用主要由地方政府自己承担。为了更好地开展海滩清理工作，地方政府下设海滩清理专业队伍，并定期组织开展演练。

3）日本

日本船舶溢油风险管理主要是由海上保安厅和海上防灾中心进行的。海上保安厅主要负责海域的监视、监督工作，配备有溢油清除和围控的设备以及消防船，并建立了日本沿海环境基础数据库，利于预测溢油漂移的方向，便于围控和清除海上溢油。除此之外，海上保安厅还派出飞机和巡逻船监测海上污染，特别加强对航行密集区域的监控。海上防灾中心是民间海上防灾的核心机构，并接受海上保安厅的指示，当溢油事故发生时，及时采取有效措施清除溢油。海上防灾中心包含溢油清除、船舶消防、器材和训练委员会 4 个委员会。该中心拥有海上防灾用的船舶、器材设备，同时还开展一些海上防灾训练活动，推进有关海上防灾的国际协作，并进行海上防灾工作的调查、研究等。

在海洋溢油事故防污染组织体制方面，日本采用政府多数参与。其中，运输省及海上保安厅负责海洋防止污染方面的工作，运输省针对海域的溢油事故制订相关的规定，便于指导海运业、检查船舶以及处理废油，而受运输省管辖的海上保安厅则负责海域内的监视、取缔工作以及实施具体的石油防污和清除措施。当溢油事故发生时，海上保安厅和海上灾害防止中心承担控制并清除油污的主要责任，针对具体情况采取有效措施进行清除。此外，为了深入加强政府和民间的合作关系，日本还设立了有关溢油防除工作的联席会议。

4）中国

我国船舶溢油风险管理主要由交通部海事局及沿海各省、市政府负责具体实施。交通部海事局根据《国务院有关部门和单位制定和修订突发公共事件应急预案框架指南》，起草了《国家船舶污染应急预案》，支持各直属局会同各级地方人民政府制定辖区船舶溢油应急反应预案。目前，沿海主要省市应急反应预案已通过地方政府发布实施。按照《1990 年国际油污防备、反应和合作公约》（OPRC 公约）和《海洋环境保护法》的相关要求，交通部海事局在全国范围内开展了各级应急预案体系建设，按照国家级、海区级、省级、地市级、港口码头级 5 级应急体系的框架，国家海区应急预案已于 2000 年颁布实施。2006 年，上海、浙江、天津、河北、山东 5

个省级船舶污染应急预案编制完成，并通过地方政府发布实施，31 个地市级应急预案已通过地方政府发布实施，装卸油类的码头、站点全部编制完成了应急预案，并向海事部门备案。在建立船舶溢油应急组织管理机构方面，全国各沿海港口均已建立了专门的船舶溢油应急组织指挥机构，一些沿海省市成立了船舶溢油应急反应中心，一些省市将溢油应急职能挂靠在海上搜救中心，并设立了溢油应急分中心。

目前，全国各省市各地区的应急体系建设发展不平衡，有些地区尚未建立相关应急预案，在已通过地方政府发布实施船舶污染应急预案的省市，其应急体系的运作情况和效能也参差不齐。发生污染事故后，由事故所在地的辖区海事主管部门负责组织应急行动，按照事故等级和发展情况启动相应级别的应急预案。当事故发生在交界水域或事故等级超过地区应急能力时，一般由交通部海事局负责协调区域间的合作应急行动。

11.4　溢油风险评价中的趋势与不足

目前，溢油风险评价研究得到充分的重视，并且已经在溢油应急反应系统中得到广泛的应用。应该承认，在实践中，某些方面已有了相当的发展，但是它还远未成为一个完整的理论体系，其呈现出以下趋势与不足。

（1）风险评价是一个有机整体，用来研究不利事件发生的不确定性，包括危害事件是否会发生？何时发生？什么人或生态受到影响？影响范围多大？影响程度如何等。但在整个突发性污染事故的环境风险评价研究中，往往把"可能性"和"后果"二者割裂，只注重其一方面，缺乏综合性全面评价，且风险评价与风险管理之间也缺乏联系和系统的研究。

（2）预测溢油发生概率以及分析发生特点较多采用数学统计方法。由于原始数据缺乏和统计方法本身的一些不足，导致概率计算带有主观性和粗糙性，所以建立合理外推模型，发展各种外推理论，完善对不确定性的量化处理将是溢油风险评价的一个重要课题。

（3）由于生态系统是一个非常复杂的系统，在评价过程中对生态影响的评价过于简单，甚至于采取忽略的态度，开发生态动力学是今后重点发展的方向。目前，如何结合溢油动力学模型预测结果评价油污的迁移对生态的危害以及对经济带来的影响是今后研究中值得注意的地方。

第 12 章　溢油风险的基础理论

12.1　石油在海洋中的转归

12.1.1　石油的组成

石油是一种含有上千种化合物由黄色到黑色的复杂混合物液体，是古代动、植物的遗骸在适宜的条件下经过长期的、复杂的生物、化学变化而逐渐形成的。不同地区石油的化学组成有很大差别。在石油分化研究中，根据蒸馏分离手段，将石油分成饱和烃、芳烃、胶质和沥青质 4 个馏分。饱和烃和芳烃均属烃类化合物，胶质和沥青质属非烃化合物，它们含有杂原子（O，N，S），是多密的芳烃和或长或短链烃交替连接而成的。和沥青质相比，胶质有低的芳烃，不如沥青质密集。蜡是烃的重要成分，实际上，石油中石蜡烃是指 C_{20} 以上的正烷烃。

各种石油，正是由于其中的正构烷烃、异构烷烃、环烷烃、芳烃及非烃化合物的比例及结构的差别，才造成了石油性质的千差万别。其中，烃是石油中最丰富的化合物，占总量的 50%~98%，其中碳和氢的百分含量分别为 80%~87% 和 10%~15%。烃类中饱和烃含量最大。Jokuty 等通过对几十种油的分析发现，68% 的石油中饱和烃的含量超过 50%，其次是芳烃，但只有 4% 的石油中芳烃超过 50%，胶质一般少于 10%，沥青质含量更少，几乎 80% 的石油中可溶性石蜡含量小于 5%。石油中其他元素如硫、氮、氧分别为 0~10%、0~1% 和 0~5%。石油中还常含有某些微量金属，如钒、镍、铁、铝、钠、钙、铜和铀等。

12.1.2　石油在海洋中的转归

石油烃可以通过多种方式降解，但降解速度受诸多因素的影响，如烃类结构的复杂程度、环境条件（如温度、湿度、pH 值、光照等）、降解微生物的选择性和数量等。芳烃是石油烃中较难降解的一类，尤其是多环芳烃。例如，已有文献论述石油泄漏 30 年后的盐沼沉积物中，总烃的峰值浓度仍与泄漏后 7 年的值相近，支链烷烃和未确定石油混合物基本没有被生物降解。多环芳烃在英国档案土壤样品中的半衰期为 30 年左右，大大高于实验室的研究结果。加拿大 1970—1972 年发生的一次溢油事故，25 年后分别在不同深度的沉积物中检测出苯系物和多环芳烃，尤其是在亚表层中的沉积物中芳烃化合物含量仍然较高，表明该沉积物自然恢复速率很低，此类化合物降解速率很低。

溢漏到海上的油在各种环境因素的作用下将经历十分复杂的物理、化学和生物变化过程，其行为通常分为三大类：扩散、输运和风化。扩散过程是指海面油膜由于其自身的特性而导致的面积增大的过程。输运过程是在海洋环境动力因素作用下溢油的迁移运动，包括水平方向的漂移和扩散以及垂直方向的掺混、悬浮过程。而风化是指能够引起溢油组成性质改变的所有过程，包括蒸发、溶解、乳化、分散、光氧化和生物降解。从短期来看，蒸发和乳化过程是重要的风化过程，影响溢油以及反应决策和经济损害评估；从长期来看，光氧化和生物降解越来越重要，决定海上溢油的最终归宿，并在全球海洋环境影响评估中具有重要意义，但在溢油应急预报中考虑较少。

石油在水体环境中的归宿比较复杂。石油进入海洋环境后，受风、海浪、洋流、光照、气温、水温和生物活动等因素的影响，无论在数量、化学组成及化学性质方面都随时间不断地发生变化。这些迁移、转化作用的大致比例及所经历时间如表 12 -1 所示。

表 12 -1　石油在海洋中的转归

转归方式	经历时/d	百分比（%）	转归方式	经历时/d	百分比（%）
挥发	1 ~ 10	25	生物降解	50 ~ 500	30
溶解	1 ~ 10	5	分散和沉降	100 ~ 1 000	15
光化学反应	10 ~ 100	5	残渣	>100	20

12.2　溢油危害性理论

12.2.1　溢油对海洋气候的影响

石油是不溶于水的化合物，进入海洋中的石油会在海面上形成大面积的油膜，影响了海气系统物质和能量的交换。通常情况下，1 t 石油在海上形成的油膜可以覆盖 12 km^2 的海面。海面覆盖着黏稠的大面积的油膜，影响了大气中的氧气进入海水中，影响了海洋对大气中二氧化碳等温室气体的吸收，使温室气体相对增多，进一步使全球变暖。大量海水不容易蒸发进入大气，使污染海区上空空气干燥，降水比其他海区明显减少。海洋上存在石油薄膜，海面的反射率加大，大大减少了进入海水中的太阳能。石油薄膜厚度小于 1 mm 时，20℃的海面经过 10 h 温度大约可增加1℃，更厚的油膜在同样的时间里将产生更大的效果，海面温度将升高几度。油膜的存在使海洋潜热转移量减少，污染海区上空大气使年、日差别变大，使海洋失去调节作用，产生海洋荒漠化现象，直接影响到当地的气候和生态环境。

12.2.2 溢油对海洋生态的影响

石油在海面上的氧化和分解需要大量的氧气。据统计，1 L 石油完全氧化达到无害程度，大约需要 4×10^4 L 的溶解氧。造成海洋中氧气减少，二氧化碳的相对增多以及进入海水中的太阳光减少，使海洋中大量藻类和微生物死亡，厌氧生物大量繁衍，海洋生态系统的食物链破坏，从而导致整个海洋生态系统的失衡，使生物大量死亡，破坏了海洋的生物多样性。海洋一旦遭到溢油污染，后患将持续几十年。1991 年海湾战争期间泄漏入海洋的石油数量高达 150.7×10^4 t，使当地沿岸生态遭受毁灭性破坏，生态恢复至少需要 100 年时间。

12.2.3 溢油对可持续发展的影响

海洋作为一个巨大的资源宝库，是人类可持续发展的重要物质基础。海洋石油污染的发生使鱼虾类、贝类大量死亡，海带、紫菜等藻类腐烂，直接影响了海洋养殖和捕捞业的发展；石油污染物的生物富集作用严重影响了海洋生物的健康，人们食用这些被污染的海产品也会造成慢性中毒，甚至危及生命。石油及石油氧化物污染了海水，使沿海地区的海盐、海洋化工等生产受到影响，也污染了沿海地区的地下水。大量海上泄漏石油被海水冲上潮间带，形成很厚的石油覆盖层，污染了海滩并使沿海的植物、海鸟、海兽等死亡，也大大降低了空气质量和一些沿海景区的旅游价值。海洋荒漠化使海洋水循环蒸发环节减弱，进而影响整个系统，使陆地上降水减少、荒漠化现象更加严重，对全球灾害性天气的产生和气候变化也具有明显的影响，不利于环境的可持续发展。

12.3　溢油的应急处理

随着溢油应急体系建设的逐步完善，我国海上溢油应急反应能力不断增强。我国船舶溢油应急力量建设主要分为两部分：① 国家在一些重点水域投资建设大型应急设备库及应急技术交流示范中心；② 各沿海省市结合区域特点，通过政府专项投入、港航企业自身投入、扶持专业清污公司市场化运作等手段，建设一支专兼职清污队伍。例如，我国已先后在烟台、秦皇岛建设完成了两个国家溢油应急设备库以及应急技术交流示范中心。船舶溢油的应急处理包括旨在防止、控制、清除、监视、监测等防治溢油污染所采取的任何行动。发生溢油事故后，常规的做法是用围油设施将溢油限制在一定区域内，然后再应用其他技术将溢油清除。可以采用的溢油清除技术种类很多，这些技术的应用与溢油现场的环境、气象等方面条件密切相关，同时还需要考虑这些技术对环境的破坏。下面介绍几种常规的应急处理方法。

（1）化学分散剂处理。使用分散剂是目前处理海上溢油的化学法之一，分散剂能将溢油分散成很小的微粒，微粒随海流和潮汐在海洋中分散开来，并通过微生物的作用分解消失。

（2）燃烧溢油。现场焚烧也是一种有效的溢油处理技术，可用于海上泄漏时快速有效地清除水面上的大量油品。现场焚烧是操作性强的溢油处理技术，应用时需要界定可能漫延的最大区域。当发生重大溢油事故导致大面积污染时，采用焚烧处理可消除大部分溢油，但需要在溢油初期尽快进行，且油膜至少应有 3 mm 的厚度。

（3）溢油的水上围拦和回收。近 20 多年来，世界上已研制出了几百种溢油围拦、回收装置，其中最常用的包括围油栏和各种撇油器。围油栏可将溢油围在一定区域内予以围控，撇油器是溢油回收的主要设施，有带式、圆盘式、拖把式等。近几年来，世界各国正在研制开发适应性更强的外海浮木挡栅和撇乳器，这类浮木挡栅和撇乳器可以在外海和急流中使用。

（4）油泄漏监视。油泄漏监视包括传感器综合技术和数据分析技术。发展和综合应用这些技术，通过对油泄漏快速定位，确定油品浓度、性质及泄漏后运行轨迹等，提高应急响应的效率。

（5）生物学技术。海洋中的某些微生物具有较强分解油的能力，在溢油海区撒播营养物质，使微生物大量繁殖，从而促进溢油的氧化和分解，达到清除的目的。

当溢油事故发生后，对不同的溢油事故要采取对应的处置方式，以求达到最好的处理效果。基本原则如下：对于汽油、轻质柴油、航空煤油、轻质原油等自然挥发非持久性油类，一般采取自然挥发方式。当有可能向附近敏感区域扩大时，使用围油栏拦截和导向。在有可能引起火灾的情况下，可根据情况使用化学消油剂使其乳化分散，但应按实际需要严格控制用量；对柴油，中、重质原油，船舶燃料油，重油等持久性油类，一般采取浮油回收船、撇油器、油拖把、油拖网、吸油材料以及人工捞取等方式进行回收；当人工清除比自然清除更有害以及不能确定清除方法的有效性时，可暂不采取清除行动。

第13章　石油储运港区溢油风险评价指标体系的构建

13.1　石油储运港区溢油风险的危险源分析

13.1.1　石油储运溢油事故分析

在海洋污染日益严重的过程中,油品的泄漏从始至终都是重要的角色,如海上各类船舶溢油事故、海底输油管道、海上钻井平台及海洋油田等溢油事故。除了船舶的航行、输油管道输送、海洋石油勘探开发作业和港口、码头装卸作业存在溢油风险外,一些沿岸生产作业过程中发生的油品泄漏也可能会对海洋环境造成影响。沿海石油储运溢油风险研究是海洋溢油研究的一个重要部分。

在沿海石油储运过程中发生溢油事故主要有以下 3 种来源:①港区油船航运过程中发生事故导致海洋石油泄漏;②港区油码头装卸和海岸输油管线泄漏导致石油入海事故;③沿海石油储备基地发生泄漏、火灾爆炸在一定条件下导致石油流入海洋。

由上可知,港区船舶事故、油码头及沿岸输油管线泄漏、油罐区泄漏或引发的火灾爆炸是引起沿海石油储运中发生海洋溢油的主要事故类型。据调查,船舶事故导致溢油事故的次数在整个海洋石油泄漏次数中占的比率是比较高的,但随着助航导航功能不断加强与完善、造船技术的改进以及船员素质的提高,船舶发生溢油事故的次数也相应地在减少,一般的油轮溢油事故的次数比非油轮的溢油事故要少得多,但一旦油轮出现溢油事故,其危害后果会难以想象。与船舶溢油事故相比,港区油码头、沿岸输油管线和沿海的油罐区泄漏及发生火灾爆炸引发的海上溢油发生次数少,特别是沿海油罐区,油品发生泄漏后是需要经过一定流动途径才能到达水体中。但油库一旦发生大型油品泄漏事故,大量的溢油对环境产生的巨大危害将难以估量。

13.1.2 危险源辨识

1）危险源辨识原则

危险源辨识就是依据某一标准（或某种方式、方法）对需要辨识的要素进行比较，判断与识别该要素是否对系统的安全构成危险的过程。为了能够综合、全面的对系统中各危险源进行辨识，在辨识过程中需要遵循科学性、系统性、全面性3个原则。

（1）科学性。以安全和风险理论为指导，正确地揭示系统的安全状况和危险因素存在的部位、方式、发生途径、事故类型及变化情况，并利用符合逻辑的科学的、严谨的理论对其进行详细的解释。

（2）系统性。由于危害因素和影响因子具有潜在性、突发性及不确定性，要全面和详细地剖析系统中每个过程，研究系统及其子系统相互之间各种关系。

（3）全面性。识别危害因素和影响因子时，要按照系统工艺流程和生产设备装置对每一过程进行详细的分析、判断和识别，综合考虑事故发生可能性大小和事件的危害程度。

2）危险源辨识的程序

危险源辨识的程序如图13－1所示。

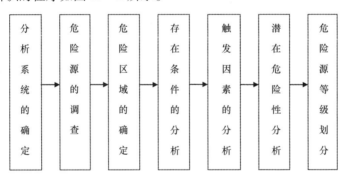

图 13－1　危险源辨识程序

（1）危险源的调查。在风险识别过程中，对于危险源的调查，首先应该明确所要分析的系统，调查主要内容如下：①工艺生产的对象及介质特性分析：物质的理化性质等。②工艺流程、工业设备及材质情况：工艺布局、设备结构、工艺设备设施等。③作业环境情况：安全通道环境、生产系统环境、作业环境等。④操作情况：作业过程中的危险事件、工人接触危险的程度与频度等。⑤事故情况：以往事故及危害情况、故障处理、事故应急方法及救援措施。⑥安全防护：危险区域的安全防护措施及建筑、安全警示、消防能力等。

（2）危险区域的确定。即划定危险源点的范围。首先划分系统，可按系统生产、设备设施进行系统划分，或按作业单元划分；接着分析每个子系统中存在的所有危险源点或风险源。系统中的危险源或危险点指的是能产生能量或具有能量的物质、空间、产生聚集危险性物质的设备和容器等；所谓的危险区域就是以此源点为核心加上防护范围。

（3）危险物质存在条件及触发因素分析。①储存条件，如装放形式、通风等；②物理状态，如温度、压力、湿度等；③设备状况，如设备的完好性、设备缺陷程度、日常维修保养情况等；④防护条件，如防护措施、安全建筑等；⑤操作条件，如职业技术水平、操作失误率、组织管理情况等。

触发因素包括人为因素与自然因素两种。

（4）潜在危险性分析。对具有易燃易爆危险或有毒有害危险性物质的分析就是潜在危险性分析。

（5）危险源等级划分。等级划分实质上是对危险源或风险源的评价，根据事故出现可能性大小可分为极易发生、易发生、较易发生、不易发生、难发生、极难发生。

13.1.3 石油及其产品的理化特性

在储运过程中，石油作为风险源主要是由于其具有的理化特性，如易燃、易爆、流动性、蒸发性、易积聚静电等因素。因此分析石油及其产品的理化性质对沿海石油储运溢油风险评价有着重要的作用。

1）易燃性

石油的主要组分是各类碳氢化合物。当遇火或受热时极易发生燃烧反应。一般用油品的闪点、燃点和自燃点高低表示其燃烧危险性大小。油品的闪点、燃点和自燃点与其化学组成和馏分组成密切相关。同一种油品自燃点大于燃点大于闪点，不同的油品之间，闪点高的油品，燃点也高，但油的自燃点却越低；反之，闪点低的油品，其燃点也低，但自燃点却高，油着火危险性大。

2）易爆性

爆炸是指物质发生迅速的物理和化学变化的一种形式。这种形式能在瞬间释放出巨大的能量，使其周围压力发生突变；或是气体或蒸气在瞬间出现剧烈膨胀的现象。物质爆炸能产生巨大威力,对周围的物体能造成灾难性的破坏。

油蒸气的爆炸危险性通常用爆炸极限表示(爆炸下限和爆炸上限),以体积百分数来量定。爆炸下限值是油蒸气与空气的混合气体遇火能发生爆炸的最低浓度。当处在最高浓度则为爆炸上限。如果混合气体中油蒸汽的浓度处在爆炸下限到爆炸上限的中间,当遇明火源时同样存在爆炸危险,当油品的爆炸下限越低时,其爆炸范围越宽,危险性也就越大。

只有一定温度下才能形成油蒸气浓度,因此石油除了有爆炸浓度极限外,还有爆炸温度的极限。当温度达到某个值,油品蒸发才能形成爆炸浓度极限的蒸气浓度,这个的温度就为"爆炸温度极限"。

3)蒸发性

石油最重要的特性中包括油品的蒸发性。油品的蒸发性越大,着火危险性也就越高。液体蒸发形式可分两种:静蒸发和动蒸发。液体在容器中储存时的蒸发均为静蒸发,这种蒸发速度比较慢。液体在流动的气体中分散为细小颗粒的蒸发称为动蒸发,动蒸发的速度远远超过其静蒸发速度。

蒸发影响因子大致分为两方面:① 油品自身性质,如沸点、蒸发潜热、蒸气压、黏度和表面张力等;② 外界条件因素,主要有外界温度、空间大小、空气流动性、气压等。

4)易积聚静电荷

石油化工产品导电率一般都很低,即电阻率很高,一般为 $10^7 \sim 10^{11} \Omega \cdot m$,石油积聚的电荷不易快速消散。因此,石油产品特别是燃料油类在泵送、装卸、灌装、输送及运输等作业过程中,物料的流动摩擦、喷射、碰撞冲击及过滤都会产生大量静电,当静电发生积聚时就容易形成电压差,在条件成熟的情况下会发生放电现象。当由于静电放电产生的电火花的能量达到或超过油蒸气的最小点火能量,就会引起油品燃烧或发生爆炸事故。

5)流动性与膨胀性

油在一定温度下是液体,具有流动性。油的密度比水小,一般溢出的油品是漂浮于水面上。除甲烷以外,其他油蒸气密度都比空气大。从容器和管道中扩散出来的油蒸气在无风情况下容易积聚在油罐区周围,特别是低洼地区及排水沟内,使得火灾的危险性增加。油品和其他物质一样具有热胀冷缩的属性。当油品的温度升高时,油品体积就会膨胀,压力增大;反之,当温度降低时,体积收缩,压力下降,压力急剧的变化很容易造成容器和管件损坏。

6）毒性

石油及其产品大部分都具有毒性，重质油品毒性比轻质油毒性大，但轻质油品蒸发性大，空气中的轻质油品蒸气浓度会比重质油浓度高，使得空气中氧气的含量降低，因此存在较大的危险性。石油成分中以芳香烃的毒性最为明显，特别是低沸点的芳香族化合物（苯、甲苯、其他苯系物）。油蒸气可以通过口、鼻呼吸系统进入人体，让人出现慢性和急性中毒现象，当空气中油蒸气浓度为 2.8‰ 时，经过 $12 \sim 14$ min 以后，人就有出现头昏、疲倦和嗜睡等慢性中毒症状；如果油蒸汽浓度达到 $1.13\% \sim 2.22\%$ 时，会使人昏倒，失去知觉，甚至出现生命危险等急性中毒现象。当皮肤经常性的接触油品时会出现脱脂、干燥、龟裂、皮炎和局部神经麻木等症状。因此作业人员在石油储运过程中需要采取防护措施。

7）持久性

根据对油品的化学组成进行分析可知，石油及其产品中轻质成分越多，挥发性越好，相应的持久性越差，一般情况下含多环芳烃或高分子碳氢化合物越多的原油或石油制品其挥发性小，油品的持久性强，持久性强的油品不易被降解，能长期存在于环境中。

13.1.4　石油储运危险源识别

沿海石油储运过程由油船的载运、油码头装卸及油库的储存 3 部分组成。沿海石油储运工艺流程图如图 13 - 2 所示。

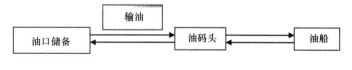

图 13 - 2　沿海石油储运工艺流程图

下面将对沿海石油储运过程溢油风险源进行辨识与分析。判辨系统的危险源主要从 4 个方面考虑：系统的硬件设施设备因素、系统所处的环境因素、人员因素及系统的组织管理因素。

1）石油储运硬件设备及危险源分析

（1）油船危险源分析

伴随着社会对能源的广泛需求，石油在社会发展中占有举足轻重的地位，在全球石油的分布严重不均衡情况下，石油的输运成为了交通物流的焦点，目前世界所需石油的2/3是通过海路运输完成的，同时世界各国加大了对海洋石油的勘探与开发，船舶运输石油量将会持续增加，油船数量增加且趋向于大型化。在沿海石油储运基地的油品运输主要是依靠油船载运，油船在航行、抛锚、过泊及停靠等过程中往往会受到诸多因素的影响，如航道条件、助航导航信息、人为操作、船舶故障及自然环境等因素，当一种或多种影响因素存在不安全状态或失效情况时，任何诱发事故隐患都有可能导致油船发生溢油事故。一般情况下油船溢油事故包括海损溢油事故和操作性溢油事故两种。其中海损溢油事故主要指的是油船出现碰撞、搁浅、翻沉、火灾、爆炸等使得船体破损而造成油品泄漏。海损性事故大部分都是油船本身风险源引起，如由于船舶动力系统出现故障，没来得及避让其他的船舶或者暗礁，使得油船发生碰撞和搁浅容易导致船体结构的破裂，载运的油品会从破裂口处往外泄漏；船体上管道阀门油气泄漏引发的火灾和爆炸直接损坏船舶结构及船上设备损坏从而出现油品外泄。在操作性溢油事故中也存在一些是由于过驳装卸油设备、加装燃油系统失灵等原因造成的，如阀门质量不合格、法兰密封及接头的衔接效果不好等导致油品泄漏。

（2）码头设施风险源分析

从图13-2沿海石油储运工艺流程图可以看出，油码头作为沿海石油装卸的一个重要平台，具有不可替代的作用，同时港区油码头也是海洋溢油事故的一个非常重要的风险源。一般的油品码头设施包括输油臂、输油管道、阀门、泵浦、仪器仪表、泄空与吹扫系统及其他辅助工程与设施，港区油码头的作业设备设施必须具有耐压、防腐防爆等性能。当设备设施出现陈旧老化或运行故障时，它就存在事故的隐患。例如，输油臂及管道软弯头耐压性或者防腐性不够，法兰密封不严，它就可能出现油品泄漏；泵浦的防爆性能不够可能出现火灾爆炸引发次生溢油事故。仪器仪表的精确性和稳定性也存在溢油风险，它是工作人员监控码头运行情况的重要工具，仪器仪表出现误差或失灵就可能导致工作人员出现误操作或误判断，直接引发油品泄漏。当一些辅助工程和安全监控系统出现故障时，不能及时起到辅助作业和保护作用，同样会引发事故。

（3）输油管线风险源分析

为了满足大型油船靠泊与装卸，港区建造的油码头离陆地有一定的距离，加上陆源油储罐区的占地范围大，石油必须通过不同大小、长度的输油管线完成油品从油船到储罐的输送，同时在油库中部分油品的转存、外输都是通过储罐之间的输油管道连接完成的。沿海石油储运基地的输油管道具有工艺复杂、输送压力大、输送介质量大和管径大等特点，容易发生油品泄漏事件。其主要原因包括：管道因材质和施工问题在受力不均条件下发生变形、破损或裂隙；涂料质量不良、防腐效果不好，致使管壁锈蚀，形成裂缝；连接处焊缝错位、裂缝未熔合等因施工缺陷造成裂纹；输油管道的支架地基不稳容易发生管道弯曲断裂，管道防雷及静电接地装置没发挥作用等受雷击时可引起火灾爆炸等都可导致油品泄漏。

（4）沿海油库风险源分析

沿海油库是储存石油、实现海岸油品转运和供应专业性的储存空间，沿海油品储备库主要包括大小形状各异的油罐、油泵房、装卸设施、输油及热力管线、安全装置、消防系统及辅助建筑、防雷防爆设备与设施等。在石油储备生产过程中，这些设备设施可能因其设计缺陷、布局不合理、安装不到位、材料不合格、压力过大、温度过高，检修不及时等原因造成系统出现失效情况，从而引发油品从储备罐、管道及油泵中泄露。这些外漏的油品在适宜的条件下，油品将顺着下水管道和地面往低处流动，最终扩散到海洋，导致溢油。同时，泄露的油品直接引起油库发生火灾爆炸，出现多米诺效应，造成更大的泄漏事故。大量的事故实例证明油库失效因素主要有：油罐呼吸阀失效、罐体结构质量缺陷、油罐腐蚀穿孔、地基不稳油罐变形破裂、控制阀门损坏、管线损坏、油泵故障、储罐冒罐、密封不紧、阀门自动控制器失效、电气设备失效、防火墙倒塌及防护设备失效等。

2）环境风险源分析

油品具有易燃、易爆和有毒有害等特性，使其对港区油码头、沿海油库、油船周围的一定区域环境及安全有着显在和潜在的危险，可能导致沿海石油储运发生溢油事故的因素除上文中所描述的石油储运过程中硬件设备与设施的危险性以外，还有其他重要危险因素，比如环境风险因素。这里的环境因素主要包括自然环境风险因素和工作岗位环境因素两方面。前者对于沿海石油储运发生事故风险的影响一般是间接性的，但也有直接的情况，后者基本都是间接性的，如空气油气浓度过高，会影响工作人员呼吸或刺激神经，出现乏力头晕症状，作业操作失误率增加，导致事故风险增大。

（1）气象条件

在石油储运过程中，油品具有的理化性质对实地的气象条件非常敏感：气象温度的变化导致管道和罐体压力变化并使其破裂，温度和空气湿度的高低对容器及管道的腐蚀速度会产生一定的影响；雷电是油库的最大威胁，它不仅能直接劈坏石油储运设备与建筑，还能成为引发事故的火源；雨雪、雾、大风天气将影响油品的装卸作业、油库及码头部分仪器设备的运行、油船在海上航行与港口的靠离。此外，当发生油品泄漏事故时，风场特征、海流情况、气温的高低、大气稳定度、空气湿度高低、低空风特征、地形与地貌等环境条件参数都对油品的扩散有着直接的影响。

（2）海况条件

由于本项目研究的是沿海地区的石油储运，油库及港区油码头都处于陆域和海域的交界部分，且油品装卸或油船的过驳作业都直接与海域相关，因此，海况条件也是石油储运过程中溢油事故重要的风险因素之一。港口码头周围的海洋地质特征、航道状况、交通流量、海洋流特征、水深、潮汐等情况会对油船的航行、抛锚、停靠以及油品的过驳作业产生直接的影响。当对航道、水文等其他的海况信息不了解或是不能正确、有效地应对特殊海况条件时，极易导致油船运输和码头装卸时出现溢油事故。如果港区油库和码头事故致使油品泄漏进入海洋或是油船直接溢出石油，都会对附近海域造成环境污染。不同的海况环境条件参数对海洋中石油的扩散情况与最终归宿问题有着不同的影响。

（3）不可预测环境因素

不可预测环境主要指的是不受人控制的环境因素如特殊气象或海况条件以及自然灾害（如强浪、飓风、海啸、地震等）。其中，自然灾害发生的概率非常小。沿海石油储备基地处于海陆交界地带，面临的自然灾害基数大，当遇到自然灾害时，地震、飓风可以直接损害储备库区的建筑与工艺设施，强浪和海啸直接对油船和油码头产生巨大冲击，对其安全性和稳定性构成严重的威胁等，这些事故隐患随时可能导致储运过程出现燃爆及油品泄漏事故。因此，在进行沿海石油储运溢油风险评价的过程中应该充分考虑到油库的设计与布局、油库防护建筑、油码头结构及油品储运设备设施抵御自然灾害的能力，确保对事故的风险和事故可能的危害控制在人们所能够接受的范围之内。

（4）工作环境因素

在油品运输的操作过程中，由于石油及其产品具有挥发性、有毒有害等特性，使得作业区域内的空气中存在一定浓度的油气，当浓度超过阈值时对操作人员会产生急性毒理作用，同时岗位现场会有大量的机械设备运行，会产生热量和噪声，这些直接影响操作人员身体和心理健康，间接地成为事故的隐患。

3）人为因素事故危险性分析

在沿海石油储运人－机－环境系统中，人是指在石油储运过程中从事各种机器操作、装卸作业及设施设备维护的主体，由于人具有的可塑性和能动性，能根据不同事务要求来完成各种任务。随着科技的进步，石油储运工艺与设备设施不断地更新、改进与完善，其系统的可靠性和安全性也随之提高，各种事故发生概率、事故损害范围与程度都相应地减小。人是复杂的个体，因心理、生理方面的特征存在着难控性，容易受到外界环境因素的影响，因此人为因素引起的事故数量愈来愈多。据相关统计：在近 30 年全球石油化工生产企业发生的 100 起特大事故（损失超过 1 000 万美元）中，30% 是属于石化储运系统事故。在国内从新中国成立至 20 世纪 90 年代初，石化储运系统发生损失较大的事故次数达到 1 563 例，其中由人为和责任引起的事故次数占到了 58.1%。现有石油储运生产过程中，自动化技术已得到广泛应用，计算机系统控制增加。因而，对电控操作人员的辨识力和运用能力要求有所提高。操作者可能因身心健康问题等出现判断失误、辨识不准、操作不当及指挥失误等情况造成系统出现故障，甚至直接引发事故。

4）组织管理危险性辨识

组织管理在系统风险和安全评鉴中具有重要地位，组织管理与人为失误是可能引发事故的重要因素。当前许多石化储备、生产及运输中都有各自相应的管理制度，主要是安全管理体系、ISO 质量管理体系、事故应急救援体系等。这些管理制度实施和执行过程中还存在着许多薄弱环节，部分组织管理的缺陷极易演变成事故隐患，对系统的安全性存在有害的影响。组织管理缺陷主要包括：组织功能的缺陷，组织沟通缺陷，安全文化缺陷。组织功能缺陷是指组织结构的目标不明确，组织中的权责分配不合理等。组织沟通的缺陷指的是组织中人员相互之间的信息交流、沟通出现问题，成员之间不能紧密地团结合作，统一完成目标。组织安全文化的缺陷包括工作人员和管理者对危险事物可能因缺乏警惕性科学性地了解、准确无误的判断能力和强烈的责任感，以致不能正确地履行所有安全职责。

13.2　石油储运港区溢油风险评价指标体系的构建

13.2.1　评价指标体系设立的原则

1）客观性原则

评价指标体系的设计必须以客观事实为基础，所选取的评价指标应当能够全面、真实地反映出溢油风险的大小，同时还必须以科学理论为依据，指标概念应当清楚明确。

2）系统性原则

评价指标体系的设计要从系统观点出发，要包括溢油风险所涉及的各个方面，所选取的具体指标应能系统地反映出影响评价对象特性的主要因素。所建立的指标体系中，各指标应表达不同层次的从属关系和相互作用关系，从而构成一个有序、系统的层次结构。

3）可操作性原则

构建评价指标体系时，应当考虑所建立的指标体系在现实条件下能够付诸实施，从而保证评价工作的顺利进行，并且需要保证具有足够的精确度。一方面指标要易于获取；另一方面所确定的指标应能够用直接或间接的方法测量或估测。

4）独立性原则

所选取的指标之间应当相对独立，同一层次的各个指标应尽量相互不重叠，相互之间不存在因果关系。整个指标体系的构成应围绕溢油风险层层展开，保证最后的评价结论反映评价的意图。

5）简明实用性原则

所选取的各个指标应当简单明了，在建立指标体系过程中，所选择的指标不能面面俱到，否则会使指标体系十分繁杂，不便操作。因此，合理、正确地选择有代表性、信息量大的指标是构建指标体系的关键。

13.2.2　溢油事故概率指标体系的确定

通过以上对石油储运港区溢油事故和风险源的分析，结合国内外学者的研究成果，最终确定了导致石油储运港区溢油事故发生的主要因素。

（1）石油储运港区环境因素：库区地质环境、库区范围的实际风力、库区周围航道条件、导航助航设施、波浪、能见度。

（2）石油储运港区人为因素：作业能力、责任意识。

（3）石油储运港区管理因素：人员配置与培训状况、监督与检查状况。

（4）石油储运港区油船因素：船龄、保养状态、船型、技术状态、自动化及可操作性。

（5）油品储备库及输油管线情况：油库安全系统、油库储存量、输油管线腐蚀程度、输油管线防腐措施情况。

13.2.3　溢油危害后果指标体系的确定

通过以上对石油储运港区溢油事故和风险源的分析，同时结合国内外专家学者的研究成果，最终确定了影响溢油危害后果的主要因素：①溢油油品的理化特性（易燃性、黏性、持久性、毒性）；②溢油情况（距生态敏感区的距离、溢油量）；③气象要素（能见度、风速）；④水文要素（波高、水温、流向、流速）。

13.2.4　溢油风险评价指标体系的建立

通过对影响事故发生可能性和后果严重程度的各种内因和外因的分析与综合，得到了两个评价指标：事故概率与危害后果。这两个指标分别与事故发生可能性、后果严重程度有着密切的关系，能反映事故风险的大小。然而它们反映的不是风险的绝对大小，而是风险的相对大小。即事故概率越大，风险就越大；危害后果越大，风险也就越大。因此，需要将事故概率与危害后果作为事故风险的同一级指标因子，对事故风险进行综合评价。

因此，结合已确定的石油储运港区溢油事故概率指标体系、石油储运港区溢油危害后果指标体系，可以得到沿海石油储运港区溢油风险评价指标体系。如表 13 - 1 所示。

表 13 - 1　舟山岙山石油储运港区溢油风险评价指标体系

一级指标	二级指标	三级指标
石油储运港区溢油事件	石油储运港区环境因素	库区地质环境
		库区范围的实际风力
		库区周围航道条件，导航助航设施
		波浪
		能见度
	石油储运港区人为因素	作业能力
		责任意识
	石油储运港区管理因素	人员配置与培训状况
		监督与检查状况
	石油储运港区油船因素	船龄
		保养状态
		船型
		技术状态、自动化及可操作性
	油品储备库及输油管线情况	油库安全系统
		油库储存量
		输油管线腐蚀程度
		输油管线防腐措施情况

一级指标	二级指标	三级指标
石油储运港区溢油危害后果	溢油油品的理化特性	易燃性
		黏性
		持久性
		毒性
	溢油情况	距生态敏感区的距离
		溢油量
	气象要素	能见度
		风速
	水文要素	波高
		水温
		流向
		流速

第14章 石油储运港区溢油风险的模糊综合评价

14.1 因素集和评价集的确定

14.1.1 因素集的确定

因素集是由评价对象的所有影响因素组成的集合，可以设：$U = \{U_1, U_2, \cdots, U_m\}$ 为描述被评价对象的 m 种评价指标。其中：m 是评价指标的个数，由已建立的具体的评价指标体系所决定。

根据建立的溢油风险评价指标体系，石油储运港区溢油风险的一级评价指标为 $U = \{U_1$ 石油储运港区溢油事故概率，U_2 石油储运港区溢油危害后果$\}$。

二级评价指标为石油储运港区溢油事故概率 $U_1 = \{U_{11}$ 石油储运港区环境因素，U_{12} 石油储运港区人为因素，U_{13} 石油储运港区管理因素，U_{14} 石油储运港区油船因素，U_{15} 油品储备库及输油管线情况$\}$，石油储运港区溢油危害后果 $U_2 = \{U_{21}$ 溢油油品的理化特性，U_{22} 溢油情况，U_{23} 气象要素，U_{24} 水文要素$\}$。

三级指标的因素集按照所构建的评价指标体系依次展开。

14.1.2 评价集的确定

将石油储运港区溢油风险分为 5 个等级，分别是极小风险、较小风险、中度风险、高度风险以及极高风险。

可用评价集表示为：$V = \{V_1$ 极小风险，V_2 较小风险，V_3 中度风险，V_4 高度风险，V_5 极高风险$\} = \{1, 2, 3, 4, 5\}$。其中 1，2，3，4，5 实际上就是表示模糊数，用模糊数来表示一些模糊概念的目的是为了对评价结果进行量化处理。

14.2 评价指标隶属度的确定

隶属度是指评价指标相对于每一个风险级别的风险程度的定性或定量化的描述。

隶属度函数的确定目前还没有形成完全成熟有效的方法，可以通过专家调查法来确定评价指标的隶属度。

应用专家调查法的方式如下：根据对深水溢油风险划分的 5 个等级，专家凭借其多年的经验和看法对评价依据对应的风险等级进行勾选（可以多选），即对于不确定的情况，可以同时勾选多项（如对于评价依据 1，可以同时勾选 V_1，V_2 等）。然后通过对多位专家的选择情况进行汇总，从而得到各风险等级的选择数量，再对这些数值经过归一化处理就可以得到评价依据对应各风险等级的隶属度，最后就可以得到单因素评价矩阵（表 14 - 1）。

如假定有 25 份专家调查表，其中对于评价依据 1，极小风险 V_1 的勾选数量为 20，较小风险 V_2 的勾选数量为 13，中度风险 V_3 的勾选数量为 3，高度风险 V_4 的勾选数量为 0，极高风险 V_5 的勾选数量为 0。进行归一化，则对于评价依据 1，其极小风险的隶属度为 $20/36 = 0.56$，较小风险的隶属度为 $13/36 = 0.36$，中度风险的隶属度为 $3/36 = 0.08$，高度风险和极高风险的隶属度为 0。

表 14 - 1　单个风险因素的隶属度调查表

风险因素	极小风险（V_1）	较小风险（V_2）	中度风险（V_3）	高度风险（V_4）	极高风险（V_5）
评价依据 1					
评价依据 2					
⋮					

对于每个评价依据都计算出对应于各风险等级的隶属度，最后就可以得到所有三级指标的隶属度子集表，如表 14 - 2 所示。

表 14 - 2　库区范围的实际风力隶属度子集表

库区范围的实际风力	极小风险（V_1）	较小风险（V_2）	中度风险（V_3）	高度风险（V_4）	极高风险（V_5）
0 ~ 3 级	0.85	0.15	0	0	0
4 ~ 6 级	0.28	0.62	0.10	0	0
7 ~ 9 级	0	0.23	0.59	0.14	0.04
10 ~ 12 级	0	0.04	0.12	0.42	0.42

14.3　各级指标权重的计算

采用层次分析法（AHP 方法）对层层指标体系权重系数进行计算，并且通过专家咨询的方式获得原始数据。对于回收得到的专家调查表上两两指标的相对重要度数值，采取几何平均法进行归纳整理，从而可以得到判断矩阵（表 14 – 3）。

表 14 – 3　石油储运港区溢油事故概率子指标比较判断表

石油储 运港区 溢油事 故概率	比较值	石油储运港 区环境因素	石油储运港 区人为因素	石油储运港 区管理因素	石油储运港 区油船因素	油品储备库 及输油管线 情况
	石油储运港区环境因素	1	0.493	0.625	0.853	0.831
	石油储运港区人为因素	2.026	1	1.107	1.474	1.975
	石油储运港区管理因素	1.599	0.904	1	1.596	1.936
	石油储运港区油船因素	1.173	0.678	0.626	1	1.357
	油品储备库及输油管线情况	1.203	0.506	0.516	0.737	1

再利用得到的判断矩阵计算对应的权重向量（权重数据见前述指标体系表）和最大特征根 λ_{max}。然后根据最大特征根计算得到一致性比例 CR，用于检验指标权重的一致性，以免出现 A 比 B 重要、B 比 C 重要、而 C 又比 A 重要的矛盾情况。

求指标权重分配可以转化为计算判断矩阵的最大特征根所对应的特征向量。采用方根法对判断矩阵的特征根进行求解，步骤如下。

（1）计算判断矩阵每一行元素的乘积

$$M_i = \prod_{j=1}^{n} \mu_{ij} \tag{14 – 1}$$

（2）将 M_i 分别开 n 次方

$$\mu_i = \sqrt[n]{M_i} \tag{14 – 2}$$

（3）将方根向量归一化或正规化处理，即得特征向量 W

$$W_i = \frac{\mu_i}{\sum_{i=1}^{n} \mu_i} \tag{14 – 3}$$

（4）计算判断矩阵最大特征根 λ_{max}

$$\lambda_{max} = \sum_{i=1}^{n} \frac{(AW)_i}{nw_i} = \frac{1}{n} \sum_{i=1}^{n} \frac{(AW)_i}{w_i} \tag{14 – 4}$$

式中，AW 为判断矩阵与权重矩阵的乘积；$(AW)_i$ 为 AW 的第 i 个元素。

（5）矩阵的一致性检验

为了衡量权重的分配是否合理，需要检验判断矩阵的一致性，检验公式：

$$CR = CI/RI \tag{14-5}$$

式中，CR 为判断矩阵的随机一致性比率；CI 为判断矩阵的一般一致性指标；RI 为判断矩阵的平均随机一致性指标。RI 值由表 14-4 列出。

$$CI = \frac{1}{n-1}(\lambda_{max} - n) \tag{14-6}$$

表 14-4　RI 值表

阶数	1	2	3	4	5	6	7	8	9
RI	0.00	0.00	0.58	0.90	1.12	1.24	1.32	1.41	1.45

当 CR < 0.1 时，即认为判断矩阵具有满意的一致性，说明权重分配是合理的。

14.4　模糊综合评价模型

根据确定的各级评价指标隶属度和权重，构建模糊权重矢量 A 与模糊评价矩阵 **R**，选择合适的模糊合成算子将两者合成得到各被评价对象的模糊综合评价结果矢量 B，并从评价指标体系的最底层向上逐级进行综合评价。由石油储运港区溢油风险评价指标体系可知，评价目标含有三级指标，因此为三级模糊综合评价。

14.4.1　模糊算子的确定

模糊评价的关键就在于模糊算子的确定，对于不同的模糊算子，得到的模糊评价模型也不相同。在模糊综合评价中，$B = A \circ R$ 中的"。"就是模糊合成算子。常用的模糊合成算子有以下 4 种。

（1）取大取小算子 $M(\wedge, \vee)$

$$B_k = \bigvee_{j=1}^{m}(w_j \wedge r_{jk}) = \max_{1 \leqslant j \leqslant m}\{\min(\mu_j, r_{jk})\}, \quad k = 1, 2, \cdots, n \tag{14-7}$$

（2）取大乘积算子 $M(\cdot, \vee)$

$$B_k = \bigvee_{j=1}^{m}(w_j \cdot r_{jk}) = \max_{1 \leqslant j \leqslant m}\{w_j \cdot r_{jk}\}, \quad k = 1, 2, \cdots, n \tag{14-8}$$

（3）有界和取小算子 $M(\wedge, \oplus)$

$$B_k = \min\left\{1, \sum_{j=1}^{m} \min(w_j, r_{jk})\right\}, \quad k = 1, 2, \cdots, n \qquad (14-9)$$

（4）有界和乘积算子 $M(\cdot, \oplus)$

$$B_k = \min\left(1, \sum_{j=1}^{m} w_j \cdot r_{jk}\right), \quad k = 1, 2, \cdots, n \qquad (14-10)$$

这 4 种模糊算子的特点如表 14 - 5 所示。

表 14 - 5　模糊算子的特点

特点	模糊算子			
	$M(\wedge, \vee)$	$M(\cdot, \vee)$	$M(\wedge, \oplus)$	$M(\cdot, \oplus)$
体现权数作用	不明显	明显	不明显	明显
综合程度	弱	弱	强	强
利用 R 的信息	不充分	不充分	比较充分	充分
类型	主因素突出型	主因素突出型	加权平均型	加权平均型

14.4.2　一级模糊综合评价

根据石油储运港区溢油风险评价指标体系，以石油储运港区人为因素为例来介绍一级模糊综合评价。通过作业能力和责任意识的隶属度子集表，可以得到石油储运港区人为因素的隶属度矩阵。

$$\boldsymbol{R}_{12} = \begin{pmatrix} r_{1211} & r_{1212} & r_{1213} & r_{1214} & r_{1215} \\ r_{1221} & r_{1222} & r_{1223} & r_{1224} & r_{1225} \end{pmatrix} \qquad (14-11)$$

石油储运港区人为因素作业能力和责任意识的权重为：$\overline{A_{12}} = (A_{121}, A_{122})$，则对于石油储运港区人为因素，其模糊综合评价为：

$$\boldsymbol{B}_{12} = \overline{\boldsymbol{A}_{12}} \circ \boldsymbol{R}_{12} = (\boldsymbol{A}_{121}, \boldsymbol{A}_{122}) \circ \begin{pmatrix} r_{1211} & r_{1212} & r_{1213} & r_{1214} & r_{1215} \\ r_{1221} & r_{1222} & r_{1223} & r_{1224} & r_{1225} \end{pmatrix} \quad (14-12)$$

式中，$\overline{\boldsymbol{A}_{12}}$ 为石油储运港区人为因素两个子指标的权重分配；$\boldsymbol{R}_{12}$ 为石油储运港区人为因素的隶属度矩阵；$\boldsymbol{B}_{12}$ 为石油储运港区人为因素的评价结果矩阵。

同理，采用同样的方法可以得出石油储运港区环境因素、石油储运港区管理因素、石油储运港区油船因素、油品储备库及输油管线情况、溢油油品的理化特性、溢油情况、气象要素、水文要素的评价结果矩阵 $\boldsymbol{B}_{12}$，$\boldsymbol{B}_{13}$，$\boldsymbol{B}_{14}$，$\boldsymbol{B}_{15}$，$\boldsymbol{B}_{21}$，$\boldsymbol{B}_{22}$，$\boldsymbol{B}_{23}$，$\boldsymbol{B}_{24}$。

14.4.3　二级模糊综合评价

对于多层次的模糊综合评价模型，每一层的评价结果都是上一层评价的输入，因此由一级综合评价的结果可以得到二级综合评价矩阵。

以石油储运港区溢油事故概率为例来介绍二级模糊综合评价，石油储运港区溢油事故概率的子指标石油储运港区环境因素、石油储运港区人为因素、石油储运港区管理因素、石油储运港区油船因素、油品储备库及输油管线情况的权重可以表示为 $\overline{A_1} = (A_{11}, A_{12}, A_{13}, A_{14}, A_{15})$，则对于石油储运港区溢油事故概率，其评价结果矩阵 B_1 为：

$$B_1 = \overline{A_1} \circ R_1 = (A_{11}, A_{12}, A_{13}, A_{14}, A_{15}) \circ \begin{pmatrix} B_{11} \\ B_{12} \\ B_{13} \\ B_{14} \\ B_{15} \end{pmatrix}$$

$$= (A_{11}, A_{12}, A_{13}, A_{14}, A_{15}) \circ \begin{pmatrix} \overline{A_{11}} \circ R_{11} \\ \overline{A_{12}} \circ R_{12} \\ \overline{A_{13}} \circ R_{13} \\ \overline{A_{14}} \circ R_{14} \\ \overline{A_{15}} \circ R_{15} \end{pmatrix} \qquad (14-13)$$

同理，可以求得石油储运港区溢油危害后果的模糊综合评价评价结果矩阵 B_2。

14.4.4　三级模糊综合评价

三级模糊综合评价结果为：$B = \overline{A} \circ R$。其中：$\overline{A}$ 为一级指标的权重分配，$\overline{A} = (A_1, A_2)$。

$$R = \begin{pmatrix} B_1 \\ B_2 \end{pmatrix} \qquad (14-14)$$

由三级评价结果所得的向量 B，就是石油储运港区溢油风险的总体评价结果。

最后将向量 B 归一化，然后采用加权平均法，可以得到风险数值并且判断出溢油风险所属等级。

至此，石油储运港区溢油风险模糊综合评价模型已经建立。

第15章 案例应用及相关溢油风险评价程序的开发

本章结合舟山岙山石油储运港区的实际情况，模拟了某日作业时发生溢油的条件，应用构建的评价模型对舟山岙山石油储运港区的溢油风险进行综合评价。

15.1 案例介绍

库区地质环境基本符合石油库设计规范国家标准的要求，周围航道条件好，导航助航设施齐全，库区工作人员作业能力总体水平优秀，工作人员配置与培训状况总体情况良好，工作人员责任意识总体情况优秀，库区监督与检查总体状况良好，油库安全系统总体情况为设计合理，设备参数达标，输油管线腐蚀程度总体情况为腐蚀程度中等，输油管线防腐措施总体情况为介于完善和缺乏之间，油库储存量为100万~1 000万 m^3。

在某日作业时，发生溢油，溢油油品为以链烃为主的轻质原油，API 约为37，闪点较高约为122℃，黏度为385 mp·s，溢油量为100 t，溢油地点与最近的生态敏感区的距离小于3 km。库区范围的实际风力 5 m/s，波高 0.5 m，港区能见度4 000 m，水温为 16℃，溢油后水流流向与敏感区呈一定角度，表层流速为1.35 m/s。港区范围内，油船船龄大部分在 6~10 a，油船大部分按制度定期维护保养，油船全部为双壳船，大部分油船技术状态，自动化程度及可操作性一般。

15.2 综合评价

15.2.1 一级模糊综合评价

下面仅通过对石油储运港区环境因素的模糊综合评价来介绍一级模糊综合评价。根据案例介绍得到隶属度矩阵和权重。

隶属度矩阵的获得：库区地质环境基本符合石油库设计规范国家标准的要求，

库区范围的实际风力 5 m/s，周围航道条件好，导航助航设施齐全，港区波高 0.5 m，港区能见度 4 000 m。

根据条件"库区地质环境基本符合石油库设计规范国家标准的要求"以及相应的隶属度子集表（表15-1）可以提取得到隶属度矩阵的第一行数据：

(0.19　0.57　0.24　0　0)

表 15-1　库区地质环境隶属度子集表

库区地质环境	极小风险 (V_1)	较小风险 (V_2)	中度风险 (V_3)	高度风险 (V_4)	极高风险 (V_5)
完全符合石油库设计规范国家标准的要求	0.73	0.27	0	0	0
基本符合石油库设计规范国家标准的要求	0.19	0.57	0.24	0	0
部分符合石油库设计规范国家标准的要求	0.05	0.14	0.48	0.33	0

根据条件"库区范围的实际风力 5 m/s（相当于 3 级风力）"以及相应的隶属度子集表（表15-2）可以提取得到隶属度矩阵的第二行数据：

(0.85　0.15　0　0　0)

表 15-2　库区范围的实际风力隶属度子集表

库区范围的实际风力	极小风险 (V_1)	较小风险 (V_2)	中度风险 (V_3)	高度风险 (V_4)	极高风险 (V_5)
0～3 级	0.85	0.15	0	0	0
4～6 级	0.28	0.62	0.10	0	0
7～9 级	0	0.23	0.59	0.14	0.04
10～12 级	0	0.04	0.12	0.42	0.42

同理，根据条件"库区周围航道条件好，导航助航设施齐全；港区波高 0.5 m；港区能见度 4 000 m"以及相应的隶属度子集表可以提取得到隶属度矩阵的第三、四、五行数据。

最终得到石油储运港区环境因素的隶属度矩阵：

$$R_{11} = \begin{pmatrix} 0.19 & 0.57 & 0.24 & 0 & 0 \\ 0.85 & 0.15 & 0 & 0 & 0 \\ 0.56 & 0.44 & 0 & 0 & 0 \\ 0.53 & 0.26 & 0.17 & 0.04 & 0 \\ 0.28 & 0.48 & 0.24 & 0 & 0 \end{pmatrix} \qquad (15-1)$$

根据石油储运港区环境因素各个子指标的权重数据，数据来源于指标体系及权重数据表（表15-3），可以得到权重向量：

$$\overline{A}_{11} = (0.184 \quad 0.223 \quad 0.179 \quad 0.190 \quad 0.224) \qquad (15-2)$$

表15-3 舟山岙山石油储运港区溢油风险评价指标体系及权重数据表

二级指标	权重	三级指标	权重
石油储运港区环境因素 U_{11}	0.142	库区地质环境 U_{111}	0.184
		库区范围的实际风力 U_{112}	0.223
		库区周围航道条件，导航助航设施 U_{113}	0.179
		波浪 U_{114}	0.190
		能见度 U_{115}	0.224

然后运用确定的模糊合成算子计算（这里选择有界和乘积算子）得到石油储运港区环境因素的评价结果矩阵：

$$B_{11} = \overline{A}_{11} \circ R_{11} = (0.331 \quad 0.374 \quad 0.130 \quad 0.008 \quad 0) \qquad (15-3)$$

同理可以得到其他各二级指标的一级模糊综合评价结果矩阵。

15.2.2 二级模糊综合评价

以石油储运港区溢油事故概率为例来介绍二级模糊综合评价，石油储运港区溢油事故概率的子指标石油储运港区环境因素、石油储运港区人为因素、石油储运港区管理因素、石油储运港区油船因素、油品储备库及输油管线情况的权重可以表示为：

$$\overline{A}_1 = (A_{11}, A_{12}, A_{13}, A_{14}, A_{15}) \qquad (15-4)$$

$$(A_{11}, A_{12}, A_{13}, A_{14}, A_{15}) = (0.142, 0.279, 0.259, 0.177, 0.143) \qquad (15-5)$$

即石油储运港区溢油事故概率的各个子指标的权重组成的权重向量。权重数据来源于指标体系及权重数据表（表15-4）。

表 15 - 4 舟山岙山石油储运港区溢油风险评价指标体系及权重数据表

一级指标	权重	二级指标	权重
石油储运港区溢油事故概率 U_1	0.321	石油储运港区环境因素 U_{11}	0.142
		石油储运港区人为因素 U_{12}	0.279
		石油储运港区管理因素 U_{13}	0.259
		石油储运港区油船因素 U_{14}	0.177
		油品储备库及输油管线情况 U_{15}	0.143

则对于石油储运港区溢油事故概率，其评价结果矩阵 $\boldsymbol{B}_1$ 为：

$$\boldsymbol{B}_1 = \overline{\boldsymbol{A}_1} \circ \boldsymbol{R}_1 = (A_{11}, A_{12}, A_{13}, A_{14}, A_{15}) \circ \begin{pmatrix} \boldsymbol{B}_{11} \\ \boldsymbol{B}_{12} \\ \boldsymbol{B}_{13} \\ \boldsymbol{B}_{14} \\ \boldsymbol{B}_{15} \end{pmatrix} = (A_{11}, A_{12}, A_{13}, A_{14}, A_{15}) \circ \begin{pmatrix} \overline{A_{11} \circ R_{11}} \\ \overline{A_{12} \circ R_{12}} \\ \overline{A_{13} \circ R_{13}} \\ \overline{A_{14} \circ R_{14}} \\ \overline{A_{15} \circ R_{15}} \end{pmatrix}$$

$$(15 - 6)$$

其中：

$$\begin{pmatrix} \boldsymbol{B}_{11} \\ \boldsymbol{B}_{12} \\ \boldsymbol{B}_{13} \\ \boldsymbol{B}_{14} \\ \boldsymbol{B}_{15} \end{pmatrix} = \begin{pmatrix} 0.331 & 0.374 & 0.130 & 0.008 & 0 \\ 0.764 & 0.236 & 0 & 0 & 0 \\ 0.665 & 0.335 & 0 & 0 & 0 \\ 0.274 & 0.501 & 0.196 & 0.022 & 0.007 \\ 0.178 & 0.293 & 0.337 & 0.177 & 0.015 \end{pmatrix}$$

$$(15 - 7)$$

$\boldsymbol{B}_{11}$，$\boldsymbol{B}_{12}$，$\boldsymbol{B}_{13}$，$\boldsymbol{B}_{14}$，$\boldsymbol{B}_{15}$ 为前述一级模糊综合评价的结果矩阵。

同样运用确定的模糊合成算子计算可得石油储运港区溢油事故概率的评价结果矩阵：

$$\boldsymbol{B}_1 = \overline{\boldsymbol{A}_1} \circ \boldsymbol{R}_1 = (A_{11}, A_{12}, A_{13}, A_{14}, A_{15}) \circ \begin{pmatrix} \boldsymbol{B}_{11} \\ \boldsymbol{B}_{12} \\ \boldsymbol{B}_{13} \\ \boldsymbol{B}_{14} \\ \boldsymbol{B}_{15} \end{pmatrix}$$

$$= (0.506 \quad 0.336 \quad 0.101 \quad 0.030 \quad 0.003) \qquad (15 - 8)$$

15.2.3　三级模糊综合评价

三级模糊综合评价结果为：

$$B = \overline{A} \circ R \tag{15 - 9}$$

其中：$R = \begin{pmatrix} B_1 \\ B_2 \end{pmatrix}$，$B_1$，$B_2$ 为前述二级模糊综合评价的结果矩阵，$\overline{A}$ 为一级指标的权重分配，权重数据来源于指标体系及权重数据表（表 15 - 5）。

$$\overline{A} = (A_1, A_2) = (0.321, 0.679) \tag{15 - 10}$$

表 15 - 5　舟山岙山石油储运港区溢油风险评价指标体系及权重数据表

一级指标	权重
石油储运港区溢油事故概率 U_1	0.321
石油储运港区溢油危害后果 U_2	0.679

可得总的评价结果矩阵：

$$B = \overline{A} \circ R = (0.221 \quad 0.324 \quad 0.222 \quad 0.129 \quad 0.094) \tag{15 - 11}$$

由三级评价结果所得的向量 B，就是舟山岙山石油储运港区溢油风险的总体评价结果。

最后将向量 B 转化为溢油风险数值。

将向量 B 归一化，可得

$$B = (0.221 \quad 0.324 \quad 0.222 \quad 0.129 \quad 0.094) \tag{15 - 12}$$

采用加权平均法，可以得到舟山岙山石油储运港区溢油风险为：

$$b = 1 \times 0.221 + 2 \times 0.324 + 3 \times 0.222 + 4 \times 0.129 + 5 \times 0.094 = 2.521 \tag{15 - 13}$$

表 15 - 6　风险数值对应风险等级表

风险数值	1	2	3	4				5	
评价集	极小风险	较小风险	中度风险	高度风险				极高风险	
风险数值	0 ~ 1	1 ~ 1.5	1.5 ~ 2	2 ~ 2.5	2.5 ~ 3	3 ~ 3.5	3.5 ~ 4	4 ~ 4.5	4.5 ~ 5

续表

风险数值	1	2	3	4				5	
文字描述	极小风险	介于极小风险和较小风险之间，偏向极小风险	介于极小风险和较小风险之间，偏向较小风险	介于较小风险和中度风险之间，偏向较小风险	介于较小风险和中度风险之间，偏向中度风险	介于中度风险和高度风险之间，偏向中度风险	介于中度风险和高度风险之间，偏向高度风险	介于极高风险和高度风险之间，偏向高度风险	介于极高风险和高度风险之间，偏向极高风险

结果介于 2 和 3 之间。因此，按照确定的评价集（表 15-6），此次舟山岙山石油储运港区溢油风险介于中度风险和较小风险之间，偏向中度风险。该模型软件在中化兴中石油转运（舟山）有限公司 HSE 部和万向石油储运（舟山）有限公司两个单位进行运行，模型运行结果与实际情况基本一致，证明在溢油发生后的综合风险评价中具有一定的实用价值，并可推广应用。

15.2.4 石油储运港区溢油风险评价程序的开发

基于上述溢油风险评价模型，运用 Java 语言初步开发了舟山岙山石油储运港区溢油风险评价的辅助评价软件。利用此软件，只要根据港区实际条件，在界面选择出相应的参数选项就可以立即得到评价结果，从而获得港区的溢油风险信息。界面如图 15-1 所示。

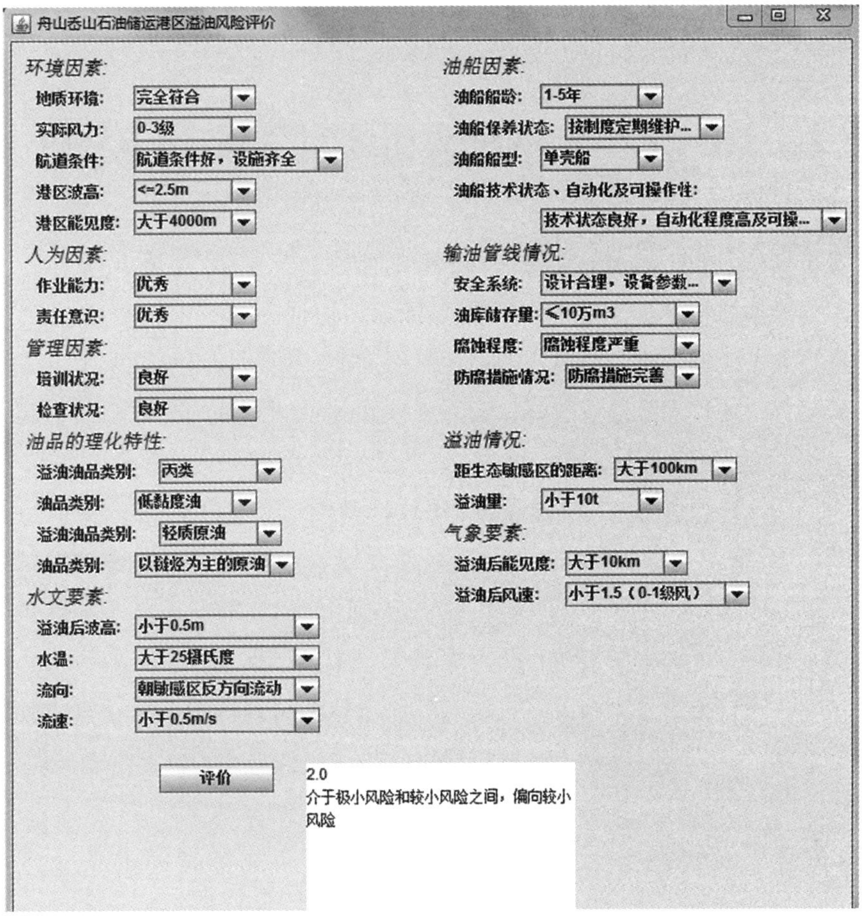

图 15－1　石油储运港区溢油风险评价程序主界面

第16章 动态溢油风险评价模型

据海事统计表明，海上船舶溢油事故日趋增加。从1978年至2000年，发生在我国沿海的溢油量60 t以上的重大事故共46宗，溢油总量17 941 t。因此，在合理有效利用石油资源的同时，减少石油储运所引发的环境污染事故以及发生了污染事故后，如何有效地建立溢油风险评价模型来预测并控制石油的扩散已经引起了世界各国科学家的高度重视。

溢油风险评价模型始于20世纪60年代，目前已建立了溢油数学模型，早在1964年Blocker建立了油扩散和挥发模型，而后的70—90年代，许多学者在油的物理特性、油与海水相互作用等方面做了深入细致的研究，建立了油－水两相双流体模型，用于计算水下油浓度分布，在本项目中由于监测项目不足，无法建立机理性的溢油模型，因此本项目中通过数学角度对监测数据"石油类的值"进行分析、筛选、拟合等数学方法建立溢油风险评价模型。

16.1 历史数据

本章建模实例所用数据为浙江省岙山海域浮标监测数据中溶解氧的值，数据长度如下：

历史数据：2013年11月12日至2014年11月12日

建模分析数据如图16-1所示。

16.2 数据处理

16.2.1 数据的筛选

由图16-1可以看出，历史数据中2014年5月28日后有明显的溢油现象发生，因此为了得到自然情况下的海水中石油类的值，需对历史数据进行筛选以去除发生溢油时的数据。根据图16-1可以看出，当溢油量大于200 μg/L时，海水中确定发生了溢油现象，因此筛选出 200 μg/L 以下的数据，结果如图 16 - 2 所示。

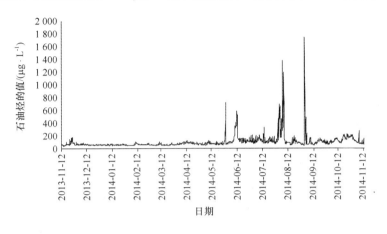

图 16 - 1　建模分析数据

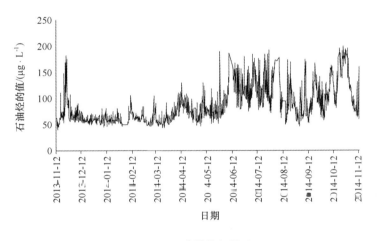

图 16 - 2　建模数据筛选

16.2.2　形成时间序列数据

由图 16 - 2 可以看出，筛选后的数据具有一定的趋势性，但筛选后导致原始数据有缺失，因此为了找出更明显的变化规律，对筛选后的数据进行时间序列处理，其中时间间隔为 6 h，取每天 0 点、6 点、12 点、18 点共 1 464 个数据形成时间序列，处理后如图 16 - 3 所示。

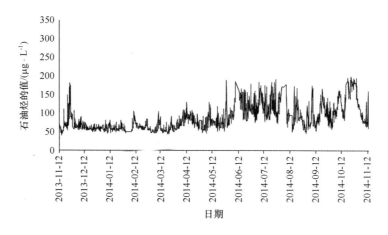

图 16 – 3   建模时间序列数据

16.2.3   数据平滑化

形成时间序列后数据趋势性更明显，但短周期内的波动性仍然很多，会干扰最后的拟合结果，因此采用滤波法（FFT）去除短周期噪声干扰。

FFT 算法简介：FFT 是一种 DFT 的高效算法，称为快速傅里叶变换（fast Fourier transform），它根据离散傅氏变换的奇、偶、虚、实等特性，对离散傅里叶变换的算法进行改进获得的。FFT 算法可分为按时间抽取算法和按频率抽取算法，先简要介绍 FFT 的基本原理。从 DFT 运算开始，说明 FFT 的基本原理。

DFT 的运算为：

$$X(k) = DFT[x(n)] = \sum_{n=0}^{N-1} x(n) W_N^{Kn}$$

$$X(n) = IDFT[x(k)] = \sum_{k=0}^{N-1} x(k) W_N^{-Kn} \qquad (16-1)$$

$$k = 0, 1, \cdots, N-1; n = 0, 1, \cdots, N-1$$

式中，N 为时间序列长度；k 为时间序列长度中第 k 个数值。

$$W_N = e^{-\frac{2n}{jN}} \qquad (16-2)$$

由这种方法计算 DFT 对于 $X(k)$ 的每个 k 值，需要进行 $4N$ 次实数相乘和 $4N-2$ 次实数相加，对于 N 个 k 值，共需 $4N \times 4N$ 次实数相乘和 $(4N-2) \times (4N-2)$ 次实数相加。因此，在计算机进行时间序列数据的 DFT 算法运算时需要非常庞大的内存来支撑，所以为了改进 DFT 算法，减小它的运算量，利用 DFT 中的周期性和对称性，使整个 DFT 的计算变成一系列迭代运算，可大幅度提高运算过程和运算量，这就是 FFT 的基本思想。

FFT 对傅氏变换的理论并没有新的发现，但是对于在计算机系统或者说数字系统中应用离散傅里叶变换，可以说是前进了一大步。

设 $x(N)$ 为 N 项的复数序列，其中 N 为时间序列数据长度，经由 DFT 变换，任一 $X(m)$ 的计算都需要 N 次复数乘法和 $N-1$ 次复数加法，而一次复数乘法等于四次实数乘法和两次实数加法，一次复数加法等于两次实数加法，即使把一次复数乘法和一次复数加法定义成一次"运算"（四次实数乘法和四次实数加法），那么求出 N 项复数序列的 $X(m)$，即 N 点 DFT 变换大约就需要 N^2 次运算。当 $N = 1\,024$ 点时，需要 $N^2 = 1\,048\,576$ 次运算甚至更多次运算。

在 FFT 中，利用 DFT 公式的系数 W_N 即式（16-2）特有的周期性和对称性，将复杂的 DFT 运算分解为若干个小点数的 DFT 运算组合，可以有效地降低 DFT 的运算量。因此假设一个时间序列长度为 N 的 DFT 运算中 N 项序列可以分为两个 $N/2$ 项的子序列，每个 $N/2$ 点 DFT 变换需要 $(N/2)^2$ 次运算，再利用 W_N 系数的对称性可以得出 N 点的 DFT 运算值和 $N/2$ 运算值之间的对应关系，由此可以计算出经过分解后的 N 项序列的运算次数近似为：$N + \dfrac{N^2}{2}$，即相对于原始的 DFT 运算量 N^2 而言运算量降低了 50%。

经过这样变换以后，继续上面的例子，当 $N = 1\,024$ 时，总的运算次数就变成了 525\,312 次，节省了大约 50% 的运算量。而如果我们将这种"一分为二"的思想不断进行下去，直到分成两两一组的 DFT 运算单元，那么 N 点的 DFT 变换就只需要 $N\log(2N)$ 次的运算，则 N 在 1\,024 点时，运算量仅有 10\,240 次，是先前的直接算法的 1%，点数越多，运算量的节约就越大，这就是 FFT 的优越性。

本章中 FFT 处理结果如图 16-4 所示。

16.3 数据拟合

经过数据平滑处理后可以清晰地看出数据的趋势性及变化规律，但为了使图 16-4数据可以在任一时间点进行推广，对平滑处理后的数据进行拟合，以找出适合的拟合函数。本研究采用傅里叶变换函数、高斯积分函数、正弦曲线逼近法、最小二乘法等多种函数分别对平滑后的数据进行拟合，最终得出拟合效果较好且符合实际情况的函数为 3 阶最小二乘法拟合，函数如下：

$$f(x) = -2.436 \times 10^{-7}x^3 + 5.034 \times 10^{-4}x^2 - 0.209\,7x + 79.63 \quad (16-3)$$

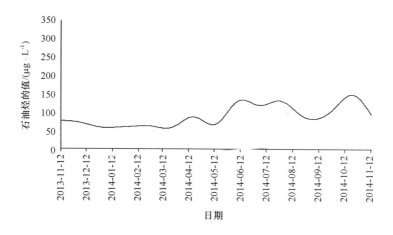

图 16-4　建模时间序列数据平滑处理

式中，x 为 1~1 464 时间序列数据的长度。

拟合后图像如图 16-5 所示。

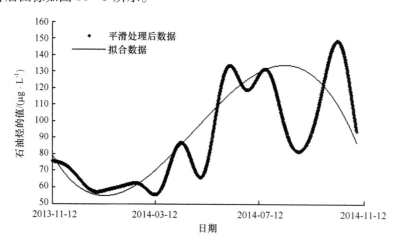

图 16-5　建模时间序列数据拟合

图 16-5 中，"—"线为 3 阶最小二乘法拟合后的数据，由于历史数据只有 1 年，无法提取月周期、半年周期或间隔更短的周期，因此为了更加符合实际情况，拟合曲线中仅对数据的年变化的整体趋势进行拟合，为了保证拟合函数在 1 年范围内具有周期性，对函数进行短期外延并检验，x 取 1 465~1 565 进行外延并与 1 至 100 的数据进行检验，结果如图 16-6 所示。

由图 16-6 可以看出，检验数据和外延数据误差较低，整体趋势相同，因此拟合函数可以作为自然状态下，海水中石油烃值的含量，即作为动态的海水石油烃类

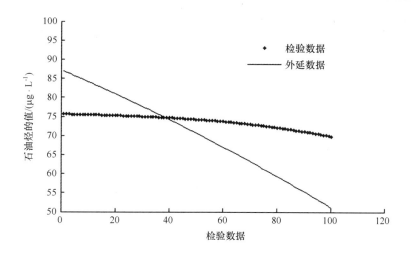

图 16 - 6　建模时间序列年变化数据拟合

的标准值。

16.4　风险评价建立

在确定了合适的拟合函数后，进行风险等级的划分，假设 Y 为 t 时刻的溢油量实测值，Y_t 为 t 时刻的周期值（由拟合函数得出），即 $\Delta Y = Y - Y_t$ 为 t 时刻碳氢化合物浓度的偏差值，根据偏差值占周期值的比例大小进行风险评估，$R = \Delta Y \times 100 / Y_t$，其中：$R$ 越大，溢油风险越人，据此初步划定了风险等级的评估表如表 16 - 1 所示。

表 16 - 1　溢油风险评估和警报等级

R （%）	风险等级	警报等级
25.00	一	蓝色
50.00	二	黄色
75.00	三	橙色
100.00	四	红色

在实际海水中常常因为轮船偶然的滴漏，使海面产生漂动的油花，从而使得浮标监测数据迅速增加后迅速恢复原状，因此当 R 值超过 50% 以后开始计时，若持续 2 min 内 R 值均超过 50% 则进行对应等级的警报。

本篇小结

本篇在相关研究基础上,从海洋溢油危害、风险评价方法、研究现状等方面介绍了溢油风险评价的基础理论,建立了适用于石油储运港区的溢油风险评价指标体系,构建了基于层次分析的模糊综合评价模型,并用所建模型对舟山岙山石油储运港区的溢油风险进行了综合评价,提出了降低溢油风险的合理化建议。主要取得如下结论。

(1)建立了符合舟山岙山石油储运港区特点的溢油风险评价指标体系,构建了相应的多层次模糊综合评价模型,并将构建模型在舟山岙山石油储运港区进行了实例应用。结果表明,在实例所设条件下,该港区的溢油风险介于中度风险和较小风险之间,偏向中度风险;此外根据各级评价结果,溢油情况以及水文要素的风险较高,因此需要加强溢油监控设施的建设,缩短溢油应急响应时间,以减少溢油量和减小对生态敏感区的影响。

(2)模糊综合评价模型的建立与应用不仅能够为预防和减少舟山岙山石油储运港区提供决策参考,对其他类似港区各类溢油事故的发生也能提供一定理论依据和数据支持。评价方法中用到的指标的隶属度和权重数据可以在适当的时间进行更新修正,从而能够更加符合港区的实际情况,使得舟山岙山石油储运港区的溢油风险评价结果更加准确。

(3)构建动态溢油风险评价模型的关键是建立一套动态的评价标准,本篇建立的评价标准能够反映不同时期海水中周期性变化的石油烃的值,而实测值中超过该标准值的部分就是海水中由于船舶溢油或其他原因产生的溢油量。通过计算出实测值超过标准值的比例就可以得出海水中的溢油风险等级。而动态标准值的建立则通过 FFT 算法和数据拟合等方法对一年内的实测溢油数值进行数据分析和数据挖掘,从而得出周期性变化的海水石油烃类的值作为模型的动态评价标准值来计算 R 值,根据 R 值的大小来评定溢油风险等级。

参考文献

安乐生，赵全升，刘贯群，等.代表性水质评价方法的比较研究[J].中国环境监测,2010,26(5):47
－51.

陈帆,谢洪涛.2012.基于因子分析与 BP 网络的地铁施工安全预警研究[J].中国安全科学学报, 22
(8):85.

程开明.2007.统计数据预处理的理论与方法述评[J].统计与信息论坛, 22(6):98－103.

邓义祥,富国,于涛.2008.水质模型科学性内涵的探讨[J].环境科学与管理,33(2):29－31.

范志杰,宋春印.1996.海洋溢油的风化过程及其对环境的影响[J].油气田保护,6(1):54－57.

耿晓辉.2000.溢油事故威胁程度评价及应急反应决策[D].大连:大连海事大学.

郭海如,崔雪梅,董春玲.2007.一种基于神经网络模型的中国能耗预测[J].孝感学院学报,27(3):
76－79.

郭军华.2003.数据挖掘中聚类分析的研究[D].湖北:武汉理工大学.

国家海洋局.2013.2012 年中国海洋环境公报[EB/OL].2013－3－20/2013－4－1.

韩旭明.2006.Elman 神经网络的应用研究[D].天津:天津大学.

侯朝焕.1990.实用 FFT 信号处理技术[M].北京:海洋出版社.

胡雪春.2013.海上船舶溢油风险综合评价指标体系研究[D].武汉:武汉理工大学.

黄立文,宋文铜.2000.实时流场预报及在海面溢油轨迹预测中的应用[J].中国航海,(2): 34－39.

黄严品,吴兆麟,等.1998.海事预防中人为失误风险的量化评估[J].大连海事大学学报,24(3):1
－5.

姜云超,南忠仁.2008.水质数学模型的研究进展及存在的问题[J].兰州大学学报,45(5):7－11.

李冬,周川,袁朋飞,等.2012.基于时间序列分析的渐变性水源水质预测研究[J].环境科学与技术,
35(6):184－188.

李贺,刘春光,樊娟,等.2009.BP 神经网络在河流叶绿素 a 浓度预测中的应用[J].中国给水排水,25
(5):75－79.

李季芳.2006.水质分析数据合理性检验方法[J].山西水利,2006(2):84－85.

李丽霞,王明贤.2007.工艺过程危险有害因素辨识的研究[J].中国安全科学学报,17(9):135
－139.

李亮,孙廷容,黄强,等.2005.灰色 GM(1,1)和神经网络组合的能源预测模型[J].能源研究与利用,
2005(1):10－13.

李品芳,黄加亮.1999.模糊综合评判在港口船舶溢油风险区划中的应用[J].交通环保,02:12－14.

李品芳.2000.厦门港船舶溢油环境风险评价[D].大连:大连海事大学.

李如忠.2006.水质预测理论模式研究进展与趋势分析[J].合肥工业大学学报,29(1):26 – 30.

刘德林.2011.郑州市年降水量的 ARIMA 模型预测[J].水土保持研究,18(6):248 – 249.

刘莉,徐玉生,马志新.2003.数据挖掘中数据预处理技术综述[J].甘肃科学学报,15(1):117 – 119.

刘胜.2012.沿海石油储运溢油风险评价[D].大连:大连海事大学.

刘圣勇.2005.船舶溢油事故应急组织体系研究与决策处理[D].上海:上海海事大学.

刘微微,宋汉周,霍古祥,等.2013.基于季节 ARIMA 模型的紧水滩水库近坝区水质分析预测[J].勘察科学技术,2013(4):31 – 35.

刘伟.2008.船舶溢油风险评估研究[D].大连:大连海事大学.

刘小群,周云波.2010.基于 Matlab 的 DFT 及 FFT 频谱分析[J].山西电子技术,(4):48 – 49.

娄厦,刘曙光.2008.溢油模型理论及研究综述[J].环境科学与管理.10(33):33 – 61.

吕妍,魏文普,张兆康,等.2014.海洋石油平台溢油风险评价研究[J].海洋科学,38(1):33 – 38.

麻亚东.2007.宁波—舟山港油船溢油环境风险评价研究[D].大连:大连海事大学.

马会,吴兆麟.1998.港口航道操船环境危险度的综合评价[J].大连海事大学学报,24(3),15 – 18.

马会,吴兆麟.1998.港口航道操船环境危险度的综合评价[J].大连海事大学学报,24(3):15 – 18.

宁庭东.2006.船舶油污事故的损害评估及应急处理[D].大连:大连海事大学.

宋国浩,张云怀.2008.水质模型研究进展及发展趋势[J].装备环境工程,5(2):32 – 36.

孙吉辉,孟祥锋.2008.人工神经网络简介[J].中学课程资源,2008(10).

孙猛,陈全.1999.矿井风险评价基本模型研究与探讨[J].中国安全科学学报,(5):58 – 62.

孙苗,孔祥超,耿伟华.2013.基于 ARIMA 模型的山东省月降水量时间序列分析[J].鲁东大学学报,29(3):244 – 249.

孙维维.2006.大连新港海区油船溢油风险总体评价初探[D].大连:大连海事大学.

孙永明,郑光平,何汉斌,等.2007.船舶溢油事故风险评估方法研究[J].中国水运,5(8):15 – 18.

孙兆兵.2012.基于概率组合的水质预测方法研究[D].杭州:浙江大学控制科学与工程学系.

田海潮.2006.京唐港船舶溢油风险评价[D].大连:大连海事大学.

王红瑞,林欣,钱龙霞,等.2008.基于异方差检验的水文过程隐含周期分析模型及其应用[J].水利学报,39(11):1183 – 1189.

王吉权.2011.BP 神经网络的理论及其在农业机械化中的应用研究[D].辽宁:沈阳农业大学.

王泽斌,马云,叶珍,等.2011.应用 GM(1,1)模型预测阿什河水质变化趋势[J].环境科学与管理,04:24 – 27,39.

王泽斌,马云,叶珍等.2011.应用 GM(1,1)模型预测阿什河水质变化趋势[J].环境科学与管理,36(4):24 – 27.

魏文秋,孙春鹏.1998.灰色神经网络水质预测模型[J].武汉水利电力大学学报,31(4):26 – 29.

魏文秋,孙春鹏.1998.灰色神经网络水质预测模型[J].武汉水利电力大学学报,31(4):26 – 29.

吴贵华.2012.几种水质预测方法的比较分析[J].广东科技,6(11):251-253.

肖景坤.2001.船舶溢油风险评价模式与应用研究[D].大连:大连海事大学.

谢连娟.2000.散装液体化学品码头风险综合评价的研究[D].大连:大连海事大学.

许文汇.2014.海上石油设施深水溢油风险评价及应急响应研究[D].武汉:武汉理工大学.

杨建强,廖国祥,张爱君.2011.海洋溢油生态损害快速预评估技术研究[M].北京:海洋出版社.

杨丽娟,张白桦,叶旭桢.2004.快速傅里叶变换FFT及其应用[J].光电工程,31(B12):1-3.

于桂峰.2007.船舶溢油对海洋生态损害评估研究[D].大连:大连海事大学.

于佳佳.2010.基于聚类分析的船舶碰撞结果分析[D].大连:大连海事大学.

袁群.2006.基于人工神经网络模型的船舶油污损失估算[J].系统仿真学报,02:475-477,481.

张慧娟.2012.异常数据检验的几种方法[D].河北:燕山大学.

张润楚.2010.多元统计分析[M].北京:科学出版社.

张圣坤,白勇,唐文勇.2003.船舶与海洋工程风险评估[M].北京:国防工业出版社.

张晓珺.2013.基于差分自回归移动平均模型的城市火灾趋势预测[J].武警学院学报,29(8):16-18.

赵建强.1996.溢油影响评价及清除决策[J].交通环保.17(1):11-16.

赵伟.2008.非线性最小二乘法拟合函数在经济发展中的应用[D].长春:吉林大学.

郑毅.2015.时间序列数据分类、检索方法及应用研究[D].合肥:中国科学技术大学.

中华人民共和国海事局.2004.溢油应急培训教程[M].北京:人民交通出版社.

周丽.2006.石油库人员不安全行为的分析与风险控制[J].石油库与加油站,15(3):12-15.

周玲玲.2006.溢油对海洋生态污损的评估及指标体系研究[D].青岛:中国海洋大学.

周松林,茆美琴,苏建徽.2011.基于主成分分析与人工神经网络的风电功率预测[J].电网技术,35(9):128-132.

周训华.2005.湖泊溢油数值模拟的研究[D].南京:河海大学.

竺诗忍,张继萍.1997.舟山海域突发性溢油环境风险评价[J].海洋环境科学,16(1):53-59.

Biagiotti S F, Gosse S F. 2000. Formalizing Pipeline Integrity with Risk Assessment Methods and Tools [C]// Proceedings of 2000 International Pipeline Conference, Calgary, Alberta, Canada, 1-5.

Burgherr Peter, Hirschberg Stefan. 2009. Severe Accidents in the Oil Chain with Emphasis on Oil Spills [J]. Center for Contemporary Conflict, 7(1):235-251.

Carlos Alonso-Alvarez, Ignacio Munilla, MartaLpez Alonso, et al. 2007. Sublethal Toxicity of the Prestige Oil Spill on Yellow-legged Gulls [J]. Environment International, 33(6):773-781.

Frankenfeld J W. 1973. Weathering of Oil at Sea[J]. National Technical Information Service, U. S Department of Commerce,124.

Jokuty P, Whiticar S, Fingas M, et al. 1995. Hydrocarbon groups and their relationships to oil properties and behaviour [A]// Proceedings of the eighteenth arctic and marine oil spill program technical seminar. Ottawa: Environment Canada. 1 – 21.

Kenneth J. Plante, Lanette M. Price. 1993. Florida's Pollution Discharge Natural Resource Damage Assessment Compensation Schedule – Excel Rational Approach to the Recovery of Natural Resource Damage [C]. 1993 Oil Spill Reference, 717 – 720.

Muhlbauer W Kent. 1996. Pipeline Risk Management Manual[M]. Houston:Gulf Publishing Co.

Muhlbauer W K. 1996. Pipeline Risk Management manual[M]. Houston:Gulf Pablishing Co.

Pang – Ning Tan, Michael Steinbach, Vipin Kumar. 2010. 数据挖掘导论[M]. 范明, 范宏建, 译. 北京:人民邮电出版社.

Philipp K. Janert. 2012. 数据之魅:基于开源工具的数据分析[M]. 黄权, 译. 北京:清华大学出版社.

Robert H. Schulze. 1983. Probability of an Oil Spill on the st. marys Rives[C]. 1983 oil spill conference, 129 – 132.

Zhendi Wang, Merv Fingas, David S Page. 1999. Oil Spill Identification[J]. Journal of Chromatography A, 843(1 – 2): 369 – 411.